大智慧

小二居

于方◎编著

清华大学出版社
北京

## 内 容 简 介

家庭装修是把生活的各种情形"物化"到空间之中。大的装修概念包括房间设计、装修、家具布置以及富有情趣的软性装点。通常业主会亲自介入到装修过程中，不仅在装修设计施工期间，还包括入住之后长期不断地改进。装修是件琐碎的事，需要业主用智慧去整合，是一件既美妙又辛苦的事情。

找对装潢公司非常重要，选择装潢公司不能轻信广告，业主必须自己具备一定的装修知识、品位以及对装修流行趋势的把握。如何挑选家装公司？如何和设计师沟通？你真懂颜色吗？全包还是半包？装修禁忌又有哪些？如何装修更省钱？……除了基本流程之外，装修更是一种对直觉、美学等综合能力的考验。

本书结合大量实例（不乏大量获奖作品），以主人公故事的形式，以点带面，从真实、简单的问题出发讲解枯燥难懂的装修知识。

本套书适合都市住宅业主、家装和软装类设计师、设计院校学生阅读。全套书有 5 册：一居分册、二居分册、三居分册、改造分册、软装分册，本书为一居分册。

**图书在版编目(CIP)数据**

小一居——大智慧 / 丁方编著. —北京：清华大学出版社，2016
（家装故事汇）
ISBN 978-7-302-42098-9

Ⅰ．①小… Ⅱ．①丁… Ⅲ．①住宅—室内装修 Ⅳ．①TU767

中国版本图书馆 CIP 数据核字（2015）第 267393 号

**责任编辑：** 栾大成
**封面设计：** 杨玉芳
**责任校对：** 徐俊伟
**责任印制：** 沈　露

**出版发行：** 清华大学出版社
　　　　　　　网　　　址：http://www.tup.com.cn，http://www.wqbook.com
　　　　　　　地　　　址：北京清华大学学研大厦 A 座　　　　　邮　　编：100084
　　　　　　　社 总 机：010-62770175　　　　　　　　　　　　邮　　购：010-62786544
　　　　　　　投稿与读者服务：010-62776969，c-service@tup.tsinghua.edu.cn
　　　　　　　质 量 反 馈：010-62772015，zhiliang@tup.tsinghua.edu.cn
**印 装 者：** 北京亿浓世纪彩色印刷有限公司
**经　　销：** 全国新华书店
**开　　本：** 210mm×185mm　　　**印　　张：** 7　　　**字　　数：** 488 千字
**版　　次：** 2016 年 2 月第 1 版　　　　　　　　　　　**印　　次：** 2016 年 2 月第 1 次印刷
**印　　数：** 1～3000
**定　　价：** 39.00 元

产品编号：047445-01

# Preface 前言

## 小一居
### ——大智慧

设计不是玩虚的，如果说好不好看关乎人的心情，那么是否实用、安全关乎人的生命。真正好的设计师不光是盖摩天大楼的，在闲暇之余大多会在小面积居室内修得"内功"，从而彰显出大智慧。好的设计需要贴近生活、解决问题、实用至上。

小户型（SOLO）原本的意思是指独奏、单独、单飞。在这里，它指的是超小的户型，主要的定义要素是：卧室和客厅没有明显的划分、整体浴室、开敞式环保节能型整体厨房等。所谓小户型其实是一个模糊的概念，可以理解为具有相对完整的配套及功能齐全的小面积住宅。面积标准在各地也有差异。随着城市人口剧增，小户型在境外（例如东京、巴黎等）也司空见惯。简单一句话：小户型就是浓缩版的大户型。

小户型的产生和发展其实是与城市人口结构和状态的变化息息相关的，外来人口、本地年轻人群、年轻（老）家庭是小户型的主要需求者。刚成家的年轻人的房型多以小户型为主，如何巧妙地在有限的空间中创造最大的使用功能一直是人们追求的设计理念。

小户型总是让人联想到"狭窄"、"拥挤"、"压抑"这些让人不安的词汇。如今的小户型在提高其使用率、性价比、居住舒适度的同时，其健康住宅的标准在一定程度上也得到提高。选择小户型并不是钱的问题，而是选择一种生活方式，方便、快捷、时尚、优雅的生活方式。

房子，就是一个享受生活的居所。在生活的故事里，我们总能感受它本来的五味杂陈，而小房子里的大大智慧，却总能带来不一样的甜蜜滋味，这种滋味叫幸福。普通个人的创造精神其实也是可以提升和利用的，为了鼓励个人的设计理念，本书记录下来的部分案例出自业主之手，代表了主人良好的品位。全书所涉及的人名和情景均为虚拟。

丁　方

# 目录

小一居
——大智慧

Hom E

## Project Information
## 项目信息

房型：
**一室一厅一卫带小院（酒店式度假公寓）**
建筑面积：
**90 平方米**
物业：
**三亚凯莱物业管理有限公司**
图片提供：
**途家网**

Vicki 和孙淼在一次去巴厘岛的旅途中相识。一路的话题都在东南亚的沉静木色之中氤氲发酵，直到飞机降落，依依惜别。以为一个天南，一个海北，却不知，相逢的人还会再相逢。再次相逢，就这样自然地牵了手。婚后，相约还要体验一次南亚的甜蜜旅程。无奈有了孩子的牵绊，背包深度游几乎成了奢望。体贴的孙淼找到了一座东南亚风格的酒店，虽没有激动人心的景点，但全家泡在酒店中，却一样有着那日东南亚的美好与沉静。

深色的四柱床带来东南亚的厚重森林质感，而藤制的休闲沙发、木地台则让房间变得充满假日风情。

房中，文化石的粗糙质感打造出假日的气氛。而经常活动的墙边却用木隔断配合涂料，打造出温馨的居室氛围。

床前折叠式的落地窗可以完全打开，让户外与室内融为一体。

而床后的隔墙，则将卫生间与起居空间间隔开来。半开放式的洗浴空间既有淋浴间的畅快，又能享受泡澡的乐趣。

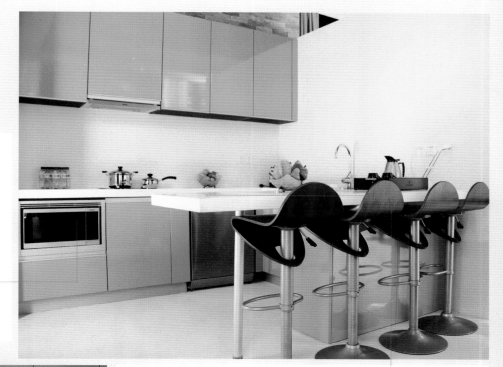

### 如何打造简约系假日厨房

Q: 除了外形之外，简约风格厨房选择厨电时还要考虑哪些因素？

A：第一是质量。简约绝非块面的简洁平整那么简单。越是单一的线条和块面，对材质与质量就更需要精益求精。很多家电都设计成嵌入式，以达到整体的平整感，但这样也会带来更换的难度。好的质量以及该品牌产品设计上的延续性，都是你选择时需要考虑的因素。

第二是人性化。一个好的简约风格作品，无论多么酷感或硬朗，设计时都必须有人性化的设计理念和多种功能的集合，给予使用者以温暖的感受。比如把厨房设计成开放式，并在餐厅、厨房之间设计了一个吧台。它既是隔断，又是吧台、餐桌和料理台。太太下厨的时候，先生可以在吧台边和她说话，增加家人间的互动感。无论是下午茶还是正餐，在吧台上一边烹饪一边与亲友享用美食，氛围会比餐桌更轻松。同样的，电器人性化的功能设计，也会给简约的风格带来家的温暖。

度假公寓是在旅游地提供酒店式管理和服务的可租赁的公寓，集酒店、家庭为一体的住宿环境，既引进了星级酒店的服务功能和管理模式，又结合了公寓的居家感觉。具有居家体验、物超所值、房型多样、自在私密的特点，是一种新型的旅行住宿方式，适合全家出行、自由行、深度旅行和休闲养老。

# 2. 心中的那片海——纯正希腊风

## Project Information
### 项目信息

设计：
**翰高融空间**
建筑面积：
**49 平方米**
风格关键词：
**希腊风格**
装修关键词：
**手抹墙、拱门、马赛克**
色彩关键词：
**蓝、白**

定格
上海，夏日，正午，
遭遇地中海。
我坐在 Wings 家的餐厅，
强烈的阳光从大大的玻璃窗外射进
来，晃得睁不开眼；
蓝色的地砖上留下阳光浓重的影调；
空气中，似有一丝海水咸咸的味道；
抬起头，透过圆拱门看向天顶，
天蓝色的弧形在视线中渐渐模糊，
眼底泛起一片希腊的蔚蓝。

### 闪回

半年前。

寒冬，阴天，正大广场书店里靠窗的凳子上。简约风格的设计定稿后，他们来这里最后一次查些装修资料。这时老公拿了本书过来，轻声说了句"真好看"。翻开书本第一页，地中海风格的装饰扑面而来，Wings 看到那迷人的大海和白色的手抹墙后，眼睛再不愿离开。当他们决定全盘推翻设计师先前的设计时，有阳光从书店的窗户里满泻下来，带着地中海的明亮质感。

### 当天空蓝遇到海洋蓝

蓝天白云、阳光清风，如何把地中海风格
演绎得原汁原味、地道清爽？依然是经典
蓝白搭配，依然是经典的拱形门设计，纯
净的色彩搭配营造出了海边家园的感觉。
但 Wings 的地中海却感觉更加精致。也正
是这种精致让地中海风格显现出与众不同
的清新美感。

同样的蓝白组合，Wings 将蓝色分成了天
空蓝和海洋蓝两种主题色。深蓝在下，点
缀地砖、沙发、天蓝则用作墙面或顶面的
色彩。而餐厅与厨房小小的拱顶设计，更
体现了海天一线的意境。

### 海洋文化的敞开式布局

要做一种风格的设计，首先要知道这种风格所蕴涵的人文
精神内涵。地中海风格的空间布局灵魂，就是在空间的开
放性和通透性。房间中，Wings用通透来体现地中海风格
所蕴涵的"自由精神"。

客厅、餐厅与厨房是通透相连的，这样的开放式厨房，清
新感觉更加强烈。墙面用手工效果做出圆润的搁架造型，
还有酒架的用途。砖砌的手抹矮墙与座椅连为一体。座椅
下的矮柜还有储物功能。

<u>纯白的橱柜</u>，覆盖了灰白大理石质地的台面，很有乡村的质朴感。
利用活动式衣柜，将<u>开放式客厅的一角辟为书房</u>，满足书虫所好。

风格关键词：

(1) 拱门：地中海风格的建筑特色是，拱门与半拱门、马蹄状的门窗。建筑中的圆形拱门及回廊通常采用数个连接或以垂直交接的方式，在走动观赏中，出现延伸般的透视感。

(2) 通透窗景：家中的墙面处（只要不是承重墙），均可运用半穿凿或者全穿凿的方式来塑造室内的景中窗。这是地中海家居的情趣之一。

**Tips:**

**什么房型适合地中海风格？**

(1) 高净空，大空间；一般以别墅、跃层或100平米以上空间为宜；SOHO、小户型公寓设计起来难度较高；

(2) 框架剪力墙及砖混结构为宜，因其空间开放通透性较好；

(3) 房间采光好、低密度小区，或采光好的较高楼层；

(4) 带露台、天台、阳台更佳，适合做室外景观设计。

# 3. 家是一盒巧克力——丝带包裹的爱意空间

## Project Information
## 项目信息

设计：
**杨家瑀 凌子达**
面积：
**79 平方米**
设计亮点：
**异形吊顶**
材料关键词：
**橡木、白色喷漆、碳灰色金属漆、不锈钢**

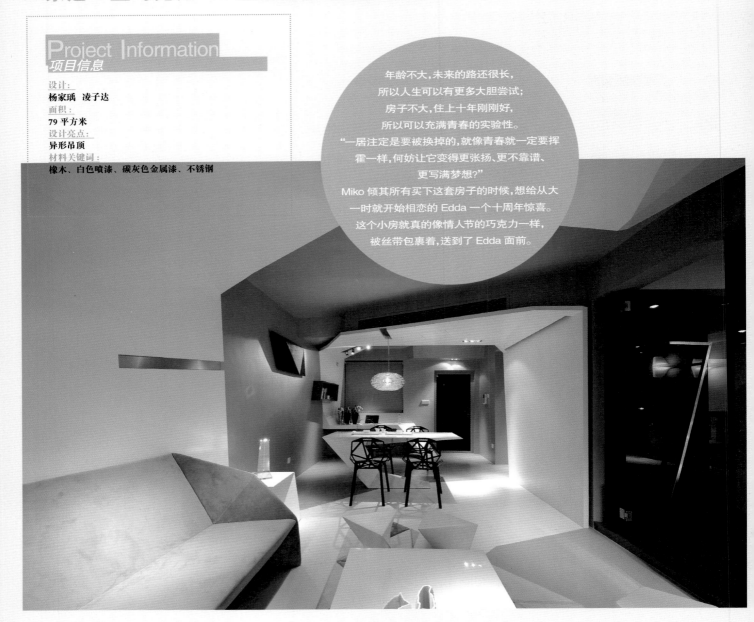

年龄不大，未来的路还很长，
所以人生可以有更多大胆尝试；
房子不大，住上十年刚刚好，
所以可以充满青春的实验性。
"一居注定是要被换掉的，就像青春就一定要挥
霍一样，何妨让它变得更张扬、更不靠谱、
更写满梦想？"
Miko 倾其所有买下这套房子的时候，想给从大
一时就开始相恋的 Edda 一个十周年惊喜。
这个小房就真的像情人节的巧克力一样，
被丝带包裹着，送到了 Edda 面前。

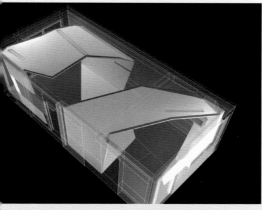

### 用爱的丝带缠绕

进门，<u>白色的吊顶</u>从天花板延伸至墙面，再顺延到地面，在整个客厅斜型地围绕两圈，在门口望去，整个房间以连续的白色为主轴，如同丝带般缠绕在客厅空间中。这个如同丝带般的设计，灵感来自于艺术体操：丝带随着手部的抖动在空中划出一个个连续的圈，在那一刹那，房间充满动感的吊顶设计也灵光乍现在设计师的脑海中。

从刚进门的书房区到餐厅再到视听区，原本独立分割的功能区域都通过连续的"丝带"串连起来形成一个整体。丝带成了最好的空间连接桥梁，打破顶面、墙面、地面的常规印象，通过"丝带"包裹般的螺旋形设计，串起房间的各个功能空间。而藏在丝带之后的褐色的墙面和顶面无疑是最甜蜜的巧克力，房间刹那间变成一盒用爱的丝带缠绕的大巧克力盒，充满柔情蜜意。

## 何妨有棱角

因为年轻，所以容得下彼此的棱角，欣赏彼此的个性。Miko希望这盒巧克力在甜美之余，也更保持些各自的棱角。于是，设计师赋予了它很多折面。原先的户型中，横梁过多，把空间分割得散漫而凌乱。吊顶木造型"量体裁衣"地顺着梁做出不规则的几何切面。这些犹如钻石切割般的棱面既遮掩了梁柱过多的缺陷，又给吊顶带来了硬朗的男性气息。

为了让这些折线、切面和凹槽变得更有立体感，设计师精确到调整每盏射灯的方向，让每个面、每个折角都立刻有了明暗的变化。通过光影，让整个房间变成一个素描时的多棱体，呈现出迷人的"雕塑感"。

有了如此异类的吊顶设计，四平八稳的家具已完全不适合这样的空间。于是，设计师又一次玩起了视觉游戏。每件家具，都像是从墙上、地上长出来一般地妥帖，呼应着整体的丝带造型。定制的沙发有着钻石切割般的斜面，扭转形的凳子好似正在旋转变身的科幻模块，让房间变得充满螺旋动感。而轻盈镂空的餐椅、斜形餐桌组合，更营造出太空失重感。即使是地毯，也选择了钻石切割花纹，让房间变得如一个巨大而不规则的几何体。

## Project Information
## 项目信息

设计:
**1917**

户型:
**错层**

建筑面积:
**66 平方米**

设计亮点:
**半敞开式书房**

房屋性别:
**男性化**

材质关键词:
**玻化砖**

挂画风格:
**抽象艺术画**

主体色调:
**大地色系**

Jolin 是个模特,
多年历练,冷暖自知。
那天见到"海龟" Mark,
白色衬衣配粗花呢休闲西装,
脚登咖啡色马靴,虽不是什么大牌,
却搭配得恰到好处,Jolin 心一动。
俩人慢慢进展着,有一天,
Jolin 来到 Mark 住处,
发现他的家同样是白色与咖啡的协奏曲,
Jolin 笑了,
这个男人真是表里如一!
心里默默决定,
就是他了。

### 大地情怀

整套房子设计充满男性化简约，客厅的墙面和地面都用了白色，大块面的白色玻化砖泛着冷峻的光，看上去十分空灵，给人一种永恒的时尚感，而各种深浅不同的咖啡色系，诸如原木色地板、深褐色拉毛地毯、浅米色三人沙发等，这些大块面色调很好地平衡了白色，让房子显得温暖亲切。Jolin 说，黑白本是时尚世界的永恒经典，不过她更中意白色与咖啡色的搭配，黑色太酷，不够温柔，充满大地情怀的咖啡色会让她有种安全感，就像跟 Mark 在一起。

## 诗意画作

单纯大色块未免单调，Jolin特意找了一系列抽象绘画作品，四处张挂，点缀出空间的个性。客厅沙发上那幅画，由蓝、白、黑三个色域构成，充满张力，两个沙发上配了多个大小、面料、图案不同的靠垫，立刻便让原本不起眼的客厅显现出"大牌范儿"。

还有卧室背景墙上的两张作品，自由抒情的画面，诗意盎然，马上为略显素淡的卧室平添了浪漫的情调，Mark不由对Jolin刮目相看。Jolin说，模特毕竟是吃青春饭，她的梦想是成为时装设计师，好女孩不但要会装扮自己，更要试着让生活中每个细节都变得很艺术，美好生活需要不断经营。Mark点点头，将Jolin紧紧搂在怀中。

匹配房间个性油画的是阳台的墙面。阳台原本外露，因节省空间改成了室内阳台，这里成了主人最好的休息场地。看看书，翻翻报纸，好不惬意。为了匹配这一份难得的闲适，Mark 大胆选用了外墙用的红砖，不怕风吹日晒，也很具文化气息的红砖映衬着 Jolin 的新作，这分明是个画家的家嘛！

### 大地色系的点缀

大地上有植物，郁郁葱葱的青色是和大地色最天然匹配的朴素颜色。筛繁就简，干脆偷偷懒，让沙发靠垫也变成绿色，明亮的绿缎子格外出挑。为了显示更多的绿色，穿习惯花花绿绿衣裳的 Jolin 却选择了百合等绿色植物，没有一丝一毫的花枝招展，显示出大地的朴实无华。谁叫大地色是永恒的经典色呢？模特光鲜的背后，或许隐藏着一颗普通的心。

**Tips:**
**选购玻化砖五大绝招**

(1) 看：表面光泽是否亮丽、有无划痕、色斑、漏抛、漏磨、缺边、缺脚等缺陷。查看底胚商标标记，正规厂家生产的产品底胚上都有清晰的产品商标标记，如果没有或者特别模糊，建议慎选！

(2) 掂：试手感，同一规格产品，质量好、密度高的砖手感都比较沉，反之，质次的产品手感较轻。

(3) 听：敲击瓷砖，若声音浑厚且回音绵长如敲击铜钟之声，则瓷化程度高、耐磨性强、抗折强度高、吸水率低、不易受污染，若声音混哑，则瓷化程度低，甚至存在裂纹，耐磨性差、抗折强度低、吸水率高、极易受污染。

(4) 量：抛光砖边长偏差 ≤1mm 为宜，对脚线偏差为 500×500 产品 ≤1.5mm，600×600 产品 ≤2mm，800×800 产品 ≤2.2mm，若超出这个标准，则对您的装饰效果会产生较大的影响。量对角线尺寸最好的方法是用一条很细的线拉直沿对角线测量，看是否有偏差。

(5) 试：首先试铺，在同一型号且同一色号范围内随机抽样不同包装箱中的产品若干在地上试铺，站在 3 米之外仔细观察，检查产品色差是否明显，砖与砖之间缝隙是否平直，倒角是否均匀；其次试脚感，看滑不滑，注意试砖是否防滑不要加水，因为越加水会越涩脚。

# 5.圆角里的爱——拒绝冰冷感的简约设计

## Project Information
## 项目信息

设计:
**D6 设计**
建筑面积:
**80 平方米**
户型:
**一室二厅**
户型缺点:
**通道过长，大门正对书房**
设计关键词:
**简约、空灵、空气感**
设计定位:
**年轻可爱而简单**
主体色调:
**黑白灰**
设计亮点:
**圆形包墙**

不少女生喜欢
干净简洁的家居氛围，
但也要有浪漫感，
即使是简约风也不能冰冷生硬。
如果一家人都好吃，
是不是得把设计重点
放在餐厅？

喜欢浪漫晚餐，加上老婆做的一手好饭，一切都不再是梦想。只是对用餐氛围颇有挑剔。如何通过灯光和造型让美食加分，让胃口大增，使你喜欢在餐厅坐得更久，这是衡量餐厅吸引力的标准之一。利用半面墙的截面，就势做出了一个圆形的吧台，将所有的墙角和柱子都处理成圆形，以呼应半圆形的吧台。每天清晨，总是从两人围着圆形吧台的浪漫早餐开始的。射灯和烛台更为进餐增添了浪漫氛围。吧台船头般的倒角曲线成为别致一景，让餐桌区域变得更生动。

圆形的茶几和吊灯，呼应着餐厅吧台的圆形主题。吧台上的烛台增添了餐桌的浪漫氛围。将对着大门的书房门向左边移动，原先的房门位置做成通透而漂亮的书架，书房看起来若隐若现。如今一进门就能感受到浓浓的幸福，其实原始户型并不圆满，圆满总来自人的灵感。

吧台墙的另一边是扩大了的卫生间王区。洗手台隐藏在吧台后，不容易被发现，却让餐前洗手变得更加方便。也因为洗手间门和墙壁被拆除，淡化了洗手间的感觉，让卧室门在餐厅就能显露出来，不再有经过卫生间才能到卧室的尴尬感。

**转角沙发**让看电视变得更舒适。

并非所有的墙都能拆除，相反，拆墙通常是迫不得已的。承重墙是无法拆除的。如果有些墙是承重墙，干脆让它变成圆形，圆柱的感觉让墙体不再显得厚重，顿时轻灵许多。而且灯光打好，造型非一般啊。

呼应着这一圆形设计，客厅的墙面转角、茶几、房间中的所有灯具，都沿用了这一造型，配合不规则的吊顶，让圆圆的幸福感满溢。

## 如何敲墙

(1) 检查敲墙的墙面是否开裂。

(2) 检查敲墙的墙面是否有空鼓，用小木锤或其他东西敲墙，敲到空鼓时发出的声音不实，很容易可以听出来。做上记号，装修敲墙时用腻子填平。

(3) 检查敲墙的墙面的腻子，是否是防水腻子，可以泼水试验，用手触摸，若手上没有泥浆方可证明敲墙的墙面的耐水腻子合格。

## 如何定义简约风格

(1) 简约不等于简单，它是经过深思熟虑后经过创新得出的设计和思路的延展，不是简单的"堆砌"和平淡的"摆放"，不是粗浅理解的"直白"。

(2) 反映在家居配饰上的简约，比如不大的屋子，就没有必要为了显得"阔绰"而购置体积较大的物品，相反应该就生活所必需的东西才买，而且以不占面积、折叠、多功能等为主。

(3) 简约也等于简单消费，体现了一种现代"消费观"。即注重生活品位、注重健康时尚、注重合理节约、科学消费。

# 6. 海滨绽放慑人魅力——省空间专家服务式住宅

## Project Information
### 项目信息

设计：
**Andr é e Putman**
物业名称：
**Le Rivage**
地址：
**香港西区干诺道西 138 号**
建筑面积：
**1,000 平方呎**
房型：
**一室一卫（超级一居）**

Le Rivage 为乐声置业与
斐声国际的室内设计师 Andrée Putman
再度携手之巨作。
加入创新概念,力求突破,
为香港作出贡献。

Le Rivage 座落于香港西区海滨沿岸,
尽览维港景致。套房洋溢着漫不经意之
奢华,让宾客感受无可比拟的舒适享受,
犹如置身于繁华大都会中的悠闲绿洲。
Le Rivage 完美揉合温馨气氛于舒适设
计之中,凸显 Andrée Putman 一流的星
级风格。套房设计以蓝白色为主调,与
银幕式玻璃窗外的迷人海景互相辉映。
每间套房的设计均极其精致,营造永恒
简约、瑰丽的环境。
Le Rivage 套房单位面积达 1,000 平方
呎,宽阔舒适,每单位更设有私人电梯
大堂及入口。此外,位于 3 楼的两个单
位更配备私人阳台及花园。

客厅设计自然时尚，<u>特高天花板</u>打造开扬感觉；多功能厨房设计，宾客不论是喜欢独自用膳或招待知己良朋，皆可轻松享受下厨之乐。屋子里遍设高科技装置，包括 Sony 音响系统和 iPod 基座。

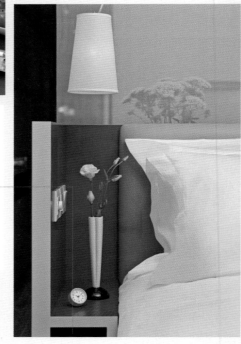

房间每一角落均流露出心思细密的设计概念：如工作桌的<u>隐藏式抽屉</u>、<u>睡床下的储物柜</u>等，皆可营造更宽敞之实用空间。工作桌的<u>台灯</u>也特别设计，节省空间的同时，照明效果也很好。抬头，便是无敌海景，岂不美哉？

偌大浴室设有特大雨淋式花洒，及铺上意大利Bisazza马赛克瓷砖。浴室摆放Frette毛巾及L'Occitane浴室用品供宾客使用；套房亦同时使用Frette寝具、配以席梦思床褥、白鹅绒／羽绒被和枕头，缔造奢华极致的享受。而作为客厅和卧室的分割，没有白墙，只有一层隔湿隔光的"纱"，据说是种高密度新材料，很结实。这为不大的房间节省了地方。床下，当然是大大的抽屉可以放生活必须品。而枕边，一束温柔的鲜花永远为你绽放，这或许就是服务式公寓的独到好处，抬头，一盏灯光永远为你明。

一个大大的<u>飘窗</u>，在必要时候还可以睡上一位客人。平日，更可成为观海景的最佳看点，柔软的垫子下面被设计为大<u>抽屉</u>，也是节省空间的好方法。这个房子没有专门的储物室，而你绝不会感觉东西没地方放，这个房间没有多余的墙和柱子，无敌海景天天为你敞开，或许，这就是设计的精髓。

## Project Information
### 项目信息

芳芳看了电影《地中海》之后，
就迷上了小岛上的蓝白闲适风情。
电影兼地中海的双料发烧友的家，
又会是什么样？
是不是得把设计重点放在餐厅？

设计师：
**统帅装饰 浦东设计中心 首席设计师 毕岩**
风格关键词：
**希腊风**
主色调：
**蓝、白**
装修关键词：
**拱门、厅柜**
主要材质：
**贝壳、墙面、小鹅卵石地、马赛克、金银铁**
户型：
**超大开间**

## 蓝色 Vs. 白色

地中海的色彩确实太丰富了，并且由于光照足，所有颜色的饱和度也很高，体现出色彩最绚烂的一面。所以地中海的颜色特点就是：无须造作，本色呈现。蓝与白是比较典型的地中海颜色搭配。希腊的白色村庄与沙滩和碧海、蓝天连成一片，甚至门框、窗户、椅面都是蓝与白的配色，加上混着贝壳、细沙的墙面、小鹅卵石地、拼贴马赛克、金银铁的金属器皿，将蓝与白不同程度的对比与组合发挥到极致。淳朴干净的棉布沙发，再配以明亮跳跃的蓝色窗帘及抱枕，仿佛沐浴在夏日凉爽海边的气息里。

纯白的餐桌映衬清澈，浓郁蓝色的挂帘迎送徐徐海风，手工铁艺吊灯细腻精巧。纯木的空间带着自然的脉动，形成一种别有情调的组合，模拟出地中海自然的美感，令人心动。角落里的绿植是不可或缺的单品之一。

卧房以轻快的蓝和白为主色调，营造出一种海天一色的境界。

## 拱形 Vs. 波浪形

重现地中海风格不需要太大的技巧，而是保持简单的意念，捕捉光线、取材大自然，大胆而自由地运用色彩、样式。连续的回廊和拱门，是重现地中海风格的必备元素。

而象征海浪的波浪纹，无疑是地中海家居的又一灵魂密码。地中海沿岸对于房屋或家具的线条不是直来直去的，显得比较自然，因而无论是家具还是建筑，都形成一种独特的浑圆造型。蓝白色给人以天然的清爽感觉，卫生间的用色再无其他。

跟我学：

投影 + 电视，视听 1+1

作为超级电影迷，芳芳自然不能错过在家看大片的享受。她特意订做了客厅柜，<u>将投影幕藏在柜体上方类似窗帘盒的吊顶中</u>。收起投影幕时，就是一个<u>电视柜兼书柜</u>，而拉下投影幕，立刻就能享受大屏幕带来的宽阔感受。

<u>厅柜选多大？</u>
厅柜的尺寸需要根据投影幕的宽度定制，因此建议先确定投影幕的大小后再定柜体的宽度。

<u>屏幕有多宽？</u>
屏幕的大小，一般根据投影机的性能以及客厅的投影距离决定。投影距离指投影机镜头与屏幕之间的距离，一般用米来作为单位。一般客厅进深为 4～5 米，而有广角镜头的投影机在狭小的空间就可获取大画面，这样就可以在很短的投影距离获得较大的投影画面尺寸。

# 8. 记忆芳华——祖传一室的改造

## Project Information
## 项目信息

原来户型：
**一室**
改造后户型：
**一室一厅**
建筑面积：
**27 平方米**
房型缺陷：
**长条型**
全部花费：
**38000 元**

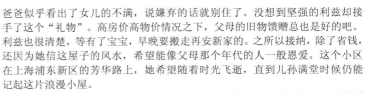

利兹刚从英国留学回来，
看了上海的房价直瞪眼睛。
老公在张江高科工作，收入过万，
但两人依然对高楼林立的浦东新盘望而却步。
利兹的爸妈很和气，
给他们一套闲置的房子。
这套房子是利兹爸妈结婚时候的婚房，
只有 27 平方米，房间早已腾空，墙皮剥落，
让人更觉得面积狭小。更糟糕的是，
老房子户型不理想，
是个南北一直通的长条型，
雪上加霜。
是不是得把设计重点放在餐厅？

爸爸似乎看出了女儿的不满，说嫌弃的话就别住了。没想到坚强的利兹却接手了这个"礼物"。高房价高物价情况之下，父母的旧物馈赠总也是好的吧。利兹也很清楚，等有了宝宝，早晚要搬走再安新家的。之所以接纳，除了省钱，还因为她信这屋子的风水，希望能像父母那个年代的人一般恩爱。这个小区在上海浦东新区的芳华路上，她希望随着时光飞逝，直到儿孙满堂时候仍能记起这片浪漫小屋。

或许对英国乡下日久生情，利兹买的家具比较田园。老公爱打游戏，利兹爱看书，如何平衡？书虫需要有个书架堆书，电玩迷总得有个地方安放电脑。他们还有些共同的爱好：爱晒旅游照片，爱一起弹琴，钢琴、电子琴……什么琴都弹。这么小的房子还要放钢琴，听起来可怕吧！更可怕的是，他们还爱互相上课，当老师，还得有块像模像样的小黑板。除此之外，利兹还爱打扮，穿衣化妆是女孩子的天性嘛。

<u>如何解决：</u>
媳妇贤惠，用了二人各一个月的收入就轻松搞定了这个家。

原来，北面是厨房，卫生间和储物空间并排，中间是玄关，然后是客厅、卧室、阳台，直排那种。本来卫生间和浴室的门是正对大门玄关的，被利兹改到厨房里面转弯了。所以如今进门看到的是一个小玄关加穿衣镜。

<u>原本外露的阳台被包起来</u>，变成了卧室的一部分，主要是给利兹当<u>化妆间</u>，因为这里自然光好。当然，作为一名书虫，这也是看书的好地方，一桌二用。为了节能，细心的利兹用了<u>轻纱隔离化妆区和床</u>，让空调更给力。

书虫和电玩用品放一块，位于床的另一边，自然采光较弱的地方。同时，"麦霸"用品也一并堆放于此，层层叠加，倒也不乱。

既然走廊很长，就顺势将<u>钢琴</u>放下，不占地方。

家小，却很温暖。到处放置了<u>熊熊</u>，欢天喜地。进门背后放了"教训"——堆放的<u>黑板</u>，老公很诚恳地列了减肥计划。拐角处，细心的利兹还拿皮子钉了钩子挂东西，"WELCOME"的字样仿佛让人置身济州岛泰迪熊博物馆。两盏火红的<u>印花琉璃吊灯</u>好像在提醒你：该回家吃饭了！

# 9. 蓝莲花——单身汉二室改一室

## Project Information
### 项目信息

设计：
**翰高融空间**
改造原型：
**两室一厅**
改造后：
**一室两厅**

没有什么能够阻挡
你对自由的向往
天马行空的生涯
你的心了无牵挂
穿过幽暗的岁月
也曾感到彷徨
当你低头的瞬间
才发觉脚下的路
心中那自由的世界
如此的清澈高远
盛开着永不凋零
蓝莲花
——许巍《蓝莲花》

陈楠，男，三十四岁。独身。

北漂三年，南下四年。

恋爱、分手，再恋爱再分手；

投资、盆满钵满，买别墅、装修、极致奢华金光闪闪；再投资，失败，卖别墅；

结拜、入股、庆功酒、砸锅卖铁散伙饭……

最后，还是回到上海。

进门，白发苍苍的父母说什么都不重要，回来就好。

初恋女友仍旧独处，路上偶遇百感交集地说不出话来，只能笑笑。

终于，一切又上了正轨，安安份份，谨慎持重，挣下一笔钱来。

这次不乱花，找个清清静静的小区安顿下来。

一个人静静的，上班下班，规律生活。

一切都看得很淡很淡。

**清清朗朗**

看过那么多的琉璃辉煌景致，反而更向往简单的生活。设计师便以蓝、白、灰、黑等极富现代感的颜色来营造现代简约风格清朗的格调。同时，还利用灰镜、白镜、大理石、玻璃等现代材料，使空间更富现代生活气息。也使房间呈现出一种亭亭净植、若即若离的高贵冷艳气质。

进入客厅，便觉出有一种清丽的美感。直线条，冷色彩，去除所有视线所及的繁杂，悬挂于墙上的两幅装饰画是点睛之笔，为整个空间起到了诠释和升华的作用。

将传统壁炉改造成电视机背景墙，不仅使空间有了强烈的视觉焦点，同时也满足了现代简约的风格特征。

客厅装饰柜内置光感柔和的灯带，为冷色调的空间注入了几许暖意。窗明几净，轻纱轻拂，静享一室清幽。

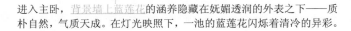

进入主卧，背景墙上蓝莲花的涵养隐藏在妩媚透润的外表之下——质朴自然，气质天成。在灯光映照下，一池的蓝莲花闪烁着清冷的异彩。

## 有家一室足

一室一厅，一人足矣。不要多余的功能，执意让设计师将两室改成一室，每个空间都要够宽敞。原先的户型，最大的缺陷在于进门走廊过于狭小，并正对厕所。于是，让出部分厨房空间做成壁柜，并利用抛光砖、镜面柜、射灯等现代感十足的材质，让相对狭小的进门玄关一点也不觉沉闷，通透而清爽。

洗手间里的银镜饶有趣味，是否也让你回想起《白雪公主和七个小矮人》中的那句经典台词："魔镜魔镜告诉我，这个世界上谁最美丽"呢？

洗手间干区由于面向客厅，所以在设计上更注重它的装饰性。欧式古典镜的低吟浅唱、现代抛光地砖的流光烁烁、黑橡的原木厚重……欧式元素与现代材质巧妙兼糅，时尚而不乏古典灵韵。

原先的客卧墙挡住了北面的光线，索性打掉后做成餐厅，房间一下子变得明亮起来。璀璨玲珑的水晶灯、简洁利落的餐椅，饕餮盛宴即将开始，清丽高雅的气息蔓延在空间的每一个角落……

软包卡座是餐厅设计的独到之笔——采用深蓝色丝绒材质，将色彩的"硬"与材质的"软"得到了调和与平衡。

厨房做成开放式，将门直接改成向餐厅开启。灰与白和谐相应，给人澄净明快的感觉。

无论是墙砖还是橱柜或电器，举目所及之处皆是流畅的直线条，简约、摩登。

# 10. 谁说直线不温柔——用色大胆能省钱

## Project Information
### 项目信息

设计:
**上海瀚高装饰**
户型:
**一房两厅**
面积:
**84.5 平方米**
户型:
**一室二厅**
户型缺陷:
**卫生间采光不佳**
主要材料:
**马赛克，壁纸**
主体材质:
**红色**

一进门，
玄关独特的长条子设计让人眼前一亮。
仿佛在非洲，
雨后彩虹般的色调深深吸引了我。
难道回家还要象科研单位一样一片白色?
太令人绝望了。
作为婚房就不怕大胆出位，
一定要拒绝沉闷!
应了高科技行业业主夫妇的要求，
设计师大胆采用跃动的红色和青春的条纹装饰，
为这套现代简约风格的房子
注入了温馨和活力。

### 花费不多的背景墙

房子的"主角"是彩虹条纹墙纸和马赛克，细看下，马赛克中所包含的色彩，基本都能在彩虹条纹墙纸的色彩中找到，这个共同点构成了两者"合作"的基础。在各种背景墙中，彩虹条纹墙纸和马赛克都不能算昂贵的材料，设计师通过色彩关系的把握，使整个房子的气质得以提升。无论是彩虹条纹墙纸的沙发背景墙，还是马赛克的电视背景墙，都透着简约、大气。

视觉效果简单又丰富的电视背景墙，壁挂式电视机、DVD 和音响，硬朗的电器美学，与丰富的马赛克墙面形成对比。

## 通透的镜子和玻璃

镜面和玻璃，或许可以最大限度保持空间单纯。
镜子与玻璃增大空间的制胜秘诀在于通透，通透
有两层含义：一，让光线穿过；二，没有多余元
素。进入大门后，右手边就是一个功能强大的壁
橱，移门设计节省了过道空间，镜面既是穿衣镜
又保持干净利落。过道另一边，局部镶嵌玻璃砖，
让光线进入，精致的玻璃砖镶嵌同样也是一种颇
为出色的装饰手法。镜子和玻璃这类元素，容易
使人产生阴冷的心理感受，幸好客厅色调够暖，
确保了整个房间始终"温度"适宜。镜面移门壁
橱，设想周到，不着痕迹。

### 一厅另辟迷你书房

坐在书桌前，抬头就可以和客厅沙发上的另一半交流，这绝对是很多住大房子的人所羡慕的。小户型应该避免功能划分过于刻板，将空间尽可能打通，利用家具进行功能划分。由于承重墙关系，客厅与书房采取了半开放格局，设计师将电视背景墙的上半部分打通，利用地台进行空间划分，客厅铺设地砖，书房铺设地板。书房里有一排隐形壁橱，有效解决收纳问题。如果有客人来，吃饭的人增加了，书桌马上成为茶几和餐桌的延伸，人再多，也不怕食物没处放。书房与客厅，呼应又独立。

## 别具一格选灯光

书房灯：安装在天花板上的工作灯，可调节高度，放低时使光线集中，变成工作光源。特别适合要绘制图纸或有孩子要写做作业的书房使用。而打开天花板四周灯槽内的顶灯时，半开放的书房又立刻成为了客厅的一部分。

卧室灯：小户型中卧室本来就小，储物空间更是有限。怎能让床头灯占去面积一大半的床头柜面积？该案例中，选择两盏贝壳材质的吊灯分挂在床头柜之上，既节约了空间，又满足了夜间床头的阅读照明，是十分时尚的小户型卧室灯光设计手法。

搁架灯：嫌搁架上的装饰品不够显眼突出？不妨学着这家的主人，做个带灯光的搁架吧。磨砂玻璃的搁板加上马赛克的装饰，中间嵌入灯管，在灯光照射下你的摆设一定会成为目光焦点。

印度沙丽图案的紫色窗帘、深红提花床品、乳白中式花版、贝壳质床头吊灯，不追求风格统一，却风情无限。

一面玻璃隔断延续了在空间上的通透感。两盏床头吊灯，品位高雅。

## 百搭马赛克

马赛克是个效果很多变、用途很广泛、搭配超容易的材料。价格从很便宜到很贵都有，而只要用恰当，最便宜价格的马赛克也可打造奢侈范儿。

地面用斜铺的马赛克装饰条在视觉上给予最大的延伸感。马赛克墙面和平台，与沙发背景墙一前一后，既勾勒出空间的层次，又相互呼应，一唱一合。

## Project Information
### 项目信息

设计：
**设计年代 宋建文**

户型：
**一室二厅一卫**

建筑面积：
**60 平方米**

风格：
**简约**

格调：
**优雅**

装修关键词：
**玻璃卫生间**

Kan 在浦东上班，和太太两人
一直心仪浦东社区的良好氛围，
以及心远地自偏的悠然心情。
上班太远，环境太吵，
年底终于咬牙卖了闵行的房子，决定全家搬到浦东。
从年初开始看浦东的房子起，
眼看着房价一路慢慢涨起来，几度崩溃。
一要离 Kan 的公司近，二要是学区房，
三要安静而宜人的社区环境，四要固定预算以内！
最后顶着压力超出预算买下了现在的居所。
终于实现了两人
"采菊东篱，归隐浦东"
的心愿。

## 九月菊香

初秋九月，正是"菊花须插满头归"的时节，两人开始了装修的浩大工程。每天下班后两人必到工地报道。每日沿着那小区里清幽曲折的小径、路过东篱深锁的花园，陶然忘情于菊花的风神清韵、傲骨晚香之中，两人不约而同地定下了菊花这一装饰元素。

客厅和餐厅以同样的菊花为元素，制作了木雕花隔断和手绘电视背景墙。而客厅沙发后的背景墙与吊顶也以菊瓣的柔软曲线为造型灵感，给房间带来柔美情趣。连客厅的茶几，也是漂亮的花瓣型任意拼接方式，营造出"满地菊瓣"的诗意效果。

此外，卡座还是一处非常实用的收纳之所，加上进门组合柜及卧室衣柜，整个居室的储藏空间绰绰有余。

餐厅的灯具和家具都很有时尚感。地面采用设计年代很经典的黑白瓷砖弧形拼接，圈出餐厅区域。

Tips:

## 如何 DIY 菊花剪影手绘墙

<u>方法 1：购买模板填色</u>
现在市场上有卡纸模板和油布模板，自己就可以填色绘画。不过这样的图案大小无法修改，具有一定局限性。

<u>方法 2：广告公司喷绘图案</u>
先在网上找到喜欢的剪影图案，然后选择就近的广告图文公司，将其打印在适当大小的纸张或粘纸上，到家后依样剪下，贴在墙上后再刷即可。自己动手制作，价格也便宜，并能随心所欲做出自己想要的墙面效果与图案。

<u>方法 3：手绘设计师帮忙</u>
若是想要复杂的图案、更专业的审美艺术，就需要请专业的手绘师来帮助进行绘制了。目前网上已有专门的手绘工作室，一般进行这样的创作手绘墙平均在 200～500 元／平米不等，有的专业墙纸手绘师收费更高。

## 材料大比拼：

### 木桶浴盆 Vs. 传统浴盆

在木桶中泡澡，在热气熏蒸之下享受原木的自然清香，是 Kan 和 Angela 周末最心仪的享受。不过木桶毕竟不是浴盆主流，追求这番复古情调前，你需要做好功课，再决定是否用木桶替换浴缸。

<u>木桶浴盆优点：</u>最大的优势就是保温时间长，在不用任何加热的状况下，木桶浴缸里的水能够坚持 2、3 个小时不降温，更环保，有保健作用，对卫生间空间要求小，且挪动方便。木桶浴缸普遍较深，能够增加身体与水的接触面，使人愈加放松，在自然的木头基材中泡澡更有助眠效果。

<u>木桶浴盆缺陷：</u>最大的缺陷就是易开裂，特别是在运用地热的状况下，需要在木桶浴缸内部分储水，能缓解这一问题。清洁维护比较困难，易滋生细菌。使用寿命也较传统浴缸相对短一点。

<u>浴盆该留多大空间？</u>目前市场上木桶浴缸的尺寸多种多样，有双人和单人浴缸，常见尺寸有：1450×750×820cm、1200×660×820cm、900×500×180cm、350×250×1000cm、800×520×660cm、900×600×120cm 等。

# 12. 厚重的温暖——属于中年的小浪漫

吴先生和吴太太相约，
在银婚的时候，
再住一次"新婚房"。
新房所在的小区有风雅的中式亭台，日式园林。
而两人的"新房"，
也兼具中式的圆满和日式的娴静，
又不乏中年的沉稳感。

## Project Information
### 项目信息

风格：
**日式现代简约**

建筑面积：
**61 平方米**

户型：
**一室两厅两卫**

客户群体：
**中年人**

设计：
**松下盛一**

格调：
**稳重质朴**

主材质：
**原木、PVC**

### 中年的厚重配色

房间从原有的深色基调为主的厚重感设计，过渡到以深色木材为主色调的明快且更现代的设计，彰显现代古典风格。进入玄关，映入眼帘的是直线条的通道，右侧的<u>圆圆造型</u>，给人的却是另类的温馨。

客厅和卧室中，设计师都通过浓重的颜色和基本的造型形态来表现稳重而时尚的感觉。
<u>走廊内黑白对照的设计</u>，在体现现代节奏感的同时，又保持高雅的品质。

## 团聚的氛围

儿子和吴先生夫妇不在同一城市，但逢年过节总会过来团聚。餐厅中，设计了弧形的暗红色墙面，暗示着团圆的意味。而红墙前的传统圆桌形式，更强调出了每逢佳节花好月圆的传统特色。

## 属于中年的浪漫

谁说中年夫妇就一切从简没有了享受生活的情趣？舍弃了北阳台之后，两人使用的主卫生间被进一步拓宽，宽敞的面积充分体现休闲、舒适而又自然的感觉。大型玻璃隔断的使用，既实现了卫浴的干湿分离，又保持了空间的广阔。

而干区台盆边的台面，留出超长空间用作太太化妆区域。棕黄色玻璃饰面的柜体既现代、又体现东方意味，更赋予空间明亮的气息。

## Tips:

### 你的卫生间能放下吗？

看了吴先生夫妇的多功能卫生间，可能你在羡慕之余，也想在自己家里实现。淋浴、浴盆、化妆区、洗脸盆、座便器……那么这些浴室大件究竟要占用多少地方？你的卫生间应该至少为它们预留多少面积呢？你需要掌握以下数据。

(1) 卫生间里的用具要占多大地方？

马桶所占的一般面积： 37cm×60cm

悬挂式或圆柱式盥洗池可能占用的面积：70cm×60cm

正方形淋浴间的面积：80cm×80cm

浴缸的标准面积：160cm×70cm

(2) 浴缸与对面的墙之间的距离要有多远？

100cm。想要在周围活动的话这是个合理的距离。即使浴室很窄，也要在安装浴缸时留出走动的空间。总之浴缸和其他墙面或物品之间至少要有60cm 的距离。

(3) 安装一个盥洗池，并能方便地使用，需要的空间是多大？

90cm×105cm。这个尺寸适用于中等大小的盥洗池，并能容下另一个人在旁边洗漱。

(4) 洗手洁具边应该预留多少距离？

20cm。这个距离包括马桶和盥洗池之间，或者洁具和墙壁之间的距离。

(5) 相对摆放的澡盆和马桶之间应该保持多远距离？

60cm。这是能从中间通过的最小距离，所以一个能相向摆放的澡盆和马桶的洗手间应该至少有 180cm 宽。

(6) 要想在里侧墙边安装下一个浴缸的话，洗手间至少应该有多宽？

180cm。这个距离对于传统浴缸来说是非常合适的。如果浴室比较窄的话，就要考虑安装小型的带座位的浴缸了。

(7) 镜子应该装多高？

135cm。这个高度可以使镜子正对着人的脸。

# 13. 岩壁的精彩——一点点优雅，一点点粗犷

## Project Information
### 项目信息

设计：
**松下盛一装饰（上海）有限公司**
房型：
**一室两厅一卫**
建筑面积：
**74.28 平方米**
主要材料：
**砂岩漆、原木**

作为攀岩和登山爱好者，
Ricky 对岩石的肌理情有独钟。
"文化墙、文化石假模假样，
用在简约的风格里太过沉重。"
精致的一室，通透的两厅，
面积虽小却户型紧凑，
如何体现出宽敞而又优雅从容的韵味，
是 Ricky 和设计师反复考虑的问题。

## 岩石也柔美

Ricky 首先否掉的方案是电视背景的板岩文化墙方案，而代之以轻灵质感的砂岩漆做成背景墙。砂岩背景墙上淡淡的花卉，时尚、独特而不失亮丽。那一点点手绘的柔美图案更增添了背景墙的精致看点。而同色的砂岩文化石用来包裹点缀各个墙面的转角。

## 收纳巧安排

家具原木的色调与精致的砂岩背景交相呼应，随处可见的收纳空间既美观又巧妙地把空间点缀得优雅娴静。客厅收纳的镜面设计，使得空间得以延伸，大容量的壁橱收纳，也解决了主人的收纳烦恼。

玄关简洁、素雅，整体鞋柜让主人在招待客人时，不用担心满地的鞋子让人显得窘迫不安。

选择小方桌作为餐桌靠边摆放，省出原先的餐厅空间作为书房区域，将原本的区域合理划分，既保证了用餐的空间，又多了一个休闲的小天地。坐在按摩椅上享受片刻，或者上上网，看看窗外的景色，沉静而悠闲。

厨房橱柜的红色面板又增添了厨房的活跃气氛，让烹饪料理成为人生的一种享受。

主卧卫生间同样使用了深色系的砂岩作为壁面和顶面，棕色调带出独特的质感和品味。而墙面与顶面同一材料的使用更增加了卫浴空间的整体性，让空间显得更大。

## 材料放大看：

### 砂岩漆

Ricky 家客厅与卫生间等多处使用了砂岩质感涂料，这是一种集立体感和凝重优雅为一体的砂岩状壁面风格的厚涂装饰内外墙涂料。该涂料直接喷涂，其装饰效果具有天然石材的质感和色彩。不仅具有石材的豪华外观和坚硬度，而且具有典雅、高贵、立体感强等艺术效果．砂岩漆具有优良的装饰性，不褪色性和耐沾污性，使用寿命 10 年以上，是替代天然石材饰面的一种材料。

## 砂岩漆的施工组成及作用

砂岩漆施工时需要前后涂刷三种漆，分别为：抗碱封底漆，砂岩漆中间层和罩面漆。

### 抗碱封底漆

作用是在溶剂（或水）挥发后，其中的聚合物及颜填料会渗入基层的孔隙中，阻塞基层表面的毛细孔，使基层表面具有较好的防水性，并消除基层泛碱、发花，同时也增加了砂岩漆主层与基层的附着力，避免了剥落和松脱现象。

### 砂岩漆中间层

由骨料、粘结剂（基料）、各种助剂和溶剂组成，随骨料砂的不同，形成丰富的文化石质感。

### 罩面漆

罩面漆增强砂岩漆涂层的防水性和耐沾污性、耐紫外线照射等性能，也便于日后的清洗。

# 14. 碎花田园梦——年轻人首次置业典范

## Project Information
### 项目信息

户型：
**一室一厅**
面积：
**43平方米**
设计：
**业主本人**
主要材料：
**玻化地砖，木餐桌椅，自制白色衣柜**
设计亮点：
**花点墙纸，装饰物**
设计风格：
**田园风**

房价居高不下，
无法阻挡爱的脚步。
两个85后的年轻人，
在刚毕业就毫不犹豫地选择了
爸妈送的老房子做为爱巢，
务实加浪漫，
温馨小"窝"一样暖意融融。

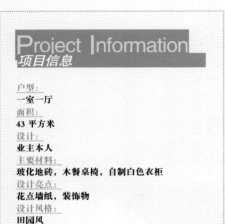

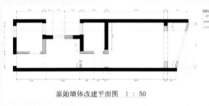

原始墙体改建平面图 1：50

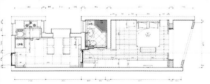

平面布置图 1：50

地坪材料图 1：50

### 走廊变身"多功能"厅

这套房龄有些年代了的老式砖混结构公房，六楼朝南，从方便、舒适、功能和设施各方面来衡量，都不能算理想。房型过于狭长，过道占地面积太多，业主本人就是设计师，这个缺陷不会难倒他。

索性，利用过道的空间特点进行布局。首先将厨房设计成敞开式，厨房外设置了一张四人大餐桌，空间虽局促，但主人美食待客的心思毫不含糊。设计师将厕所面积缩小，将之归入卧室，两人世界倒也方便。卫生间对面就是一排衣橱，卫生间的门是镜子做的移门，一来节约空间，二来可以作穿衣镜，一个走廊就摇身变成了衣帽间。

### 帘子隔出休闲区

拉上帘子，自成休闲区。由于传统上放置衣橱的位置空了出来，整个卧室看上去一下子大了不少。主人用白色的帘子作了一个软隔断，一把从宜家买来的北欧沙发、一盏落地灯、一个情趣休闲区马上打造完成。沙发的流线造型美观而轻盈，黑白色调座垫既时尚又方便搭配。主人说，越是小空间，越是要使空间显得灵动，让大件家具尽量靠墙摆放，让它们"隐身"，小件家具可以不规则摆放，小户型的压抑感荡然无存。

## 小屋装修不可不知

老公房墙体结构相对较"脆弱"， 尽量不要更改墙体结构，要擅长将计就计，做好水电隐蔽工程，尽量不要去改变下水结构，把家中配电箱的主进线全部更换。

小户型二手房装修设计首先应该考虑实用性，有效改善住宅功能，提高空间利用率，其次才是效果与风格的追求。

## 白色扩张优势

白色对面积过小或者过窄的房型绝对能增大空间，是个很讨巧的选择。因此，聪慧的女主人在选择家具和电器时尽量选择了白色，好搭的同时，屋子又看起来大了好几平方米。你看，充分利用走廊打造的白色大衣橱干净又利落。

## 省面积心得

开放设计的客厅兼餐厅，是小面积人家的餐厅的必选方案。门后空间放书架，或者储物，非常省地方。玄关处做了鞋柜和工具柜，中间灯带的地方养了几尾金鱼。

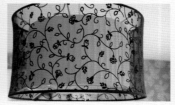

卫生间是镜子做的移门，节约空间，又可作穿衣镜。

### 今季流行碎花风

其实碎花风年年流行，一直是女孩子们的心头好。聪明的设计师翻翻老婆衣橱，看到不少甜美碎花雪纺裙，灵感就来了。

如果说白色是经典色，但也有它的缺陷，那就是不耐脏。家具和电器因为上过漆好清洗，那么墙壁怎么办？今后有了孩子，调皮的 TA，一抓一个印子，总是心痛吧。不如把白墙局部打造成碎花风格，尤其在餐厅这类易脏之处。打造的方法也极其简单：买贴纸，或者壁布，都很便宜而无须请人施工，绝对是个 DIY 好方法。如果你够细心，还可以把灯具等都买成田园风。

如果这样的贴纸或壁布还不过碎花瘾，还可以根据季节变换，像买菜一样地把她喜欢的花买回家，随手一插都很有情调。因为，斗室内摘花的大花盆也会占不少地方的。

清晨起来，满眼花朵，仿佛归隐田园。

性情中人的家便是如此。

# 15. 青花瓷——与中式美丽的邂逅

## Project Information
### 项目信息

设计：
**1917**
房型：
**一室一厅**
男主人：
**KQ，IT 公司职员**
女主人：
**绿茶，高校教师**
爱好：
**运动、电影、旅行**
生活理念：
**努力工作，用心生活**
风格关键词：
**江南园林、新中式**

江南美女绿茶
和来自北国的 KQ 在朋友的婚礼上，
因为合唱周杰伦的一首《青花瓷》而结缘。
装修时，
也给设计师出了这样的难题：
风格要像周董的《青花瓷》。

## R&B 中的江南烟雨

聪明的设计师心领神会，艺术音乐与家居风格常被发现颇有相似之处，有悟性的设计师该有此共鸣。比如 JAZZ 讲究的是即兴创作和随意发挥，而演化到家居应该是舒适与自由。而青衣圆润中和的唱腔、素雅的扮相，在家居中可演化为一股清朗的中国风。于是，柔情古朴加 R&B 的江南风格，就成了房间的主基调。

"天青色等烟雨，而我在等你，月色被打捞起，晕开了结局"。这套设计中所推崇的"中国"不是红墙绿瓦的北京四合院，而是粉墙黛瓦的秀丽江南。设计师起用大量青灰色与白色来塑造歌词中烟雨江南的意境，又大胆采用孔雀蓝这样的色彩来强调西方的痕迹。江南园林的元素有雕花窗框、八角门以及青黛色的陶瓷砖。线条和色块上，在现代风格搭配下实现了业主对家要有爵士乐般舒适自由的要求，空间分明实用。

一室一厅又不常来客，所以首先考虑的是自己的需求。绿茶将原先对着走廊的卫生间大胆地改成从卧室进入，并用了时下流行的透明主卫衬上了木雕屏风，演绎出曲径通幽的神韵；而取意于古代架子床的电视背景墙，更衬托出卧室的空灵江南气息。

古典元素被换上新的包装，与现代家具相得益彰。西方常用的夸张色彩也被用在醒目的地方与改良后的中国元素和谐共舞。

#### 素色青花小品

于风格之外的，是细腻而值得玩味的点滴江南笔触。如同青花般在釉色中触动你心。一进门只见现代材质的白色雕花鞋柜，两只青花瓷盆镶嵌一旁；白色的中式雕花墙经过阳光，折射在餐厅背景墙上驼色书画上，斑斑点点，煞是好看；而两盏现代咖啡色官帽吊灯，在眼前晃晃悠悠，衬着灰蓝的背景上温润可人。

"素胚勾勒出青花笔锋浓转淡，瓶身描绘的牡丹一如你初妆，色白花青的锦鲤跃然於碗底，帘外芭蕉惹骤雨，门环惹铜绿……"在这样温暖江南风格的房子里，分明让人感觉到：老去的是彼此，而爱情的美丽，永远定格在永不褪色的青花瓷里，可以欣赏，可以玩味，也可以守望。

#### 业主装修经验谈

1. 女主人绿茶见证了从设计到施工的每个小细节，如今俨然是一位装修大师了。谢谢她和我们分享以下个人心得：

比起"横"的移植，"纵"的继承更难：将古人的园林原样复制，这并不是设计。因此要将家居中的"中国元素"真正融入现代设计，还得看看外国设计师的做法。用现代的材质，比如不锈钢、玻璃、塑料等来表现古典的形式；或者用时尚的色彩来搭配传统的造型；总之是需要在古典与现代之间寻找到一种共通。

2. 在设计确定之初就物色好家具，特别是沙发、餐桌、床等大体量的家具，并围绕家具进行整体风格的设计定位，这对家居整体风格的把握非常有用，同时也有更多的时间比较品牌和价格。

3. 拜如今网络购物的便利所赐，我们很多装修材料的采购都是在网上完成的，省时省力还省钱。

# 16. 悠悠岁月——老宅混搭出风格

## Project Information
## 项目信息

设计：
**云啊设计**
户型：
**一室一厅**
主人：
**年轻白领＋老人**
建筑面积：
**56 平方米**
硬装费用：
**约 3.5 万元**
主要建材：
**杉木板**
主体风格：
**田园风格混搭中式**
软装：
**东北红砖炕、花布炕垫**

长条房型在房龄
15 年以上的老式公房中比比皆是：
南北朝向的格局两边各有一个房间，
中间一条长长的走廊
不但兼具门厅、厨房功能，
更是南北房间的"交通要道"，
局促到无以复加的地步。

这种"深井"式的户型，如何合理利用走廊很关键。阿牛搬进这个家虽是临时住住，不久会因为工作关系搬走，但因为楼层低，想着日后主要的居住者是 70 多的奶奶，还是得为她老人家行个方便，简单装修下。

## 万能走廊

足足 5 米长的走廊因为采光局限难免会有局促昏暗之感，不要骂房型有多少个不合理，我们还是忘记烦恼，化腐朽为神奇吧！
老人饮食清淡且离爸妈家不远，可以合并厨房，走廊边的厨房墙壁索性打掉，做成了开放式，让进门后的空间显得更大。紧邻厨房的走廊被辟为用餐区，靠窗的一侧不但放下了冰箱，更做成了餐边柜，这样各种餐具、食物都能有地方存放，不会占用小厨房的宝贵空间。定制的餐桌直接安放在走廊上，在平时不用时可将一半桌面折起，最大限度地让出通行空间。
厨房这边的窗户外有房子遮挡，无法照到足够的自然光线。在窗户的对面墙上安个灯和镜子，最大限度地将光线折射入走廊。走廊靠卫生间门口的部分，更是被悬挂上了多盏异域风情的吊灯，让采光死角变得通透而明亮。

## 英式田园 Vs. 东北大炕

老人或许都有一份归隐田园的心情，中式乡土风格的家具与布艺装饰或许也是他们的心头好。而最最令人印象深刻的，莫过于卧室的东北大炕。卧室面积不大，可阿牛依旧开辟了一个临时工作区域。红砖砌起的写字台成了一道分隔线，中式的花格窗也有隔断之用，将两个功能区清晰地划分出来。

## 风格混搭如何混而不乱

所谓混搭，指将不同风格、不同材质，不同身价的东西按照个人喜好拼凑在一起，从而混合搭配出完全个人化的风格。多种元素共存于一个空间中，能够和谐共生，就要讲究风格之间的主次关系和色彩协调。遵循以下原则，就能轻松做混搭高手。

小小的客厅里，融入了各种风格，展现着各自的韵味。韵味十足又风格纯正的中式与西式饰物，在房间里相安无事，互相应和。

混搭风格并不是随便地把几种风格拼凑到一起，而是需要有一个风格作为主调，然后其他风格为次，或者点缀。混搭做的是主体上的小小加法，而不是简单的合并。这样就不会让人有"不伦不类"的感觉。

## 风格点缀注意协调

确定主风格后，点缀的风格必须与主风格有"形神"上的相似性，不会破坏原来的风格特征，在视觉上也会更协调。如现代极简风格，可与明代简约线条的家具相协调；欧式田园风格则与中式乡村风格有气质上的共通之处。

其次要注重的是点缀风格与主风格的色彩一致性。运用相同的色调，能弱化两者文化上的差距，营造视觉的整体感。这套案例中，客厅红、绿的乡土花布与红绿两色的墙纸色彩相一致，卧室的东北红砖炕、花布炕垫与欧式田园风格的花朵墙纸又不谋而合，运用色彩和花纹的相似性从容游走于中西之间，体现出混搭的趣味性。

红砖、杉木制成的长桌加上温暖舒适的"炕"，成了房间最惬意的地方。用红砖砌成类似吧台的效果，增加了卧室的中式乡土感。

在走廊里安排下折叠式餐桌，<u>镜子</u>在装饰墙面的同时也让空间变得不再局促。

狭长的过道里，<u>杉木板</u>温暖的材质与古朴吊灯的色调透出温馨气息。

在旁边安排了<u>书柜</u>，<u>垂下的灯</u>刚好用来作为照明，更不妨碍卧室衣橱空间，炕上的休闲时光变得更舒适从容。

不同色彩的马赛克和板岩，让小小的浴室流露新意和亮点。开放式的厨房里，砖砌的吧台和格子窗帘弥漫着苏格兰的田园气息。<u>苏格兰方格墙纸</u>邂逅<u>蜡染土布</u>，颜色却是无敌配搭，擦出小小混搭火花。

# 17. 田园小清新——巧用花朵图案壁纸

## Project Information
### 项目信息

设计：
**云啊设计**
建筑面积：
**56 平方米**
户型：
**一室二厅**
主体风格：
**美式乡村、田园**
适合人群：
**比较广泛的人群，小年轻或老太太都可，**
**偏女性气质**
设计关键词：
**小清新，碎花，订制**
主要材料：
**壁纸、实木、瓷片等**

既想拥有美式家居的舒适大气，
又很喜欢乡村风格怀旧的气息，
美式通常需要面积大的空间彰显气派，
可这个家偏偏又很小……
这本来就是一对矛盾。局促到无以复加的地步。
讨厌这个都市的喧嚣和奢华，希望回归乡野，
呼吸没有 PM2.5 的新鲜空气，鸟儿唤醒你的美梦。
Tina 正是怀着这种心情装修家的。趁还没有孩子，
轻松自在，男主人 Tom 还喜欢在家里结交各路朋友，
于是，他们将各自的诉求一一告诉了设计师。
希望设计师能帮助他们实现梦想。
而且，预算还不能贵。

设计师首先将客厅、餐厅、厨房全部打通，只在厨房和餐厅的交界处用一个小吧台进行分割。将原来厨房改造成一个小小的独立书房，北阳台的位置则改造为厨房。反正，两个人经常外出就餐，厨房大了也是浪费。这么一折腾，房子突然看起来大了许多，而南北通风依旧良好。

卫生间大胆采用了大花卉图案的墙纸，一派田园风。墙上的黑白照片有着浓浓的怀旧风。男主人微胖，特地选择了有点笨重的家具和沙发，让人坐下来的瞬间特别放心。朋友们不来家里的时候，藤质坐垫可以折叠，一点都不占地方。

## 过道三兼容

过道兼具了就餐、储物、通行三个功能。它比较狭长，设计师充分利用原来的死角区域，请来了木工现场制做一种经常出现在火车上的卡坐软包凳，凳子下还设木盒，兼备有储物功能。一张舒适度很高的软包凳配上几把乡村风格的木椅，在暖暖的金色夕阳下，合着蓝调音乐，有种特别轻松而休闲的氛围。壁炉很耐看，吧台即鞋柜。餐厅顿时比外面那些特色主题餐厅更让人流连。

小空间当然要精打细算，玄关处设置了一个用电的壁炉，在阴雨绵绵或者寒冬的日子，真的能为主人带来许多温暖。玄关正对着厨房吧台，吧台装有百叶门，其实是个鞋柜，鞋子的安放问题不再烦恼。

小碎花全棉床品浪漫而温馨。乡村风格强调回归自然的轻松和舒适。好的设计就是要让人舒适。这种风格一般不出现直线，通常用拱形的哑口、窗和门营造田园感觉。其家具是欧洲贵族家具的平民版，线条简化、体积粗犷，材质多用实木、亚麻等天然材料，色彩为原木色居多。色调就更好记了，大自然的色彩就是她的色彩：绿色、土褐色、亚麻色等大地色系最为常见，总之那份乡野之气能散发浓郁的泥土芬芳，让人热爱。

### 乡村风格巧用布艺

布艺是乡村风格中非常重要的运用元素，比如繁复的花卉植物、靓丽的异域风情和鲜活的鸟虫鱼图案。摇椅、野花、小麦草、马鞭草、水果、瓷盘等都是其常用符号。当然，最多最好用的还是小碎花或者大花朵，配合白色、米黄、浅绿等背景色，怎么都好看。

## 美式乡村风格

美式乡村风格摒弃了烦琐和奢华，并将不同风格中的优秀元素汇集融合，以舒适机能为导向，强调"回归自然"，使这种风格变得更加轻松、舒适。美式乡村风格突出了生活的舒适和自由，不论是感觉笨重的家具，还是带有岁月沧桑的配饰，都在告诉人们这一点。壁纸多为纯纸浆质地；家具颜色多为仿旧漆，式样厚重；设计中多有地中海样式的拱。

美式家具的材质以白橡木、桃花心木或樱桃木为主，线条简单，目前所说的乡村风格，绝大多数指的都是美式西部的乡村风格。西部风情运用有木头以及拼布，主要使用可就地取材的松木、枫木，不用雕饰，仍保有木材原始的纹理和质感，还刻意添上仿古的斑痕和虫蛀的痕迹，创造出一种古朴的原始粗犷。

## 乡村风的色彩运用

大地色：大地色通俗的讲就是泥土的颜色，所有褪色的黄、白、黑均是营造大地色场景最好的元素，代表性的色彩是橡胶色、蜂蜜色以及旧白色。大地色体现秋季收获时的场景。分两种感觉：一种体现的是沉稳大气，具有历史感、丰收的喜悦和深厚的文化积淀，不由得让我们对品味、爱好和生活有了更深的感悟；另一种体现的是清爽素雅的感觉，反映出一种质朴而实用的生活态度。

女主人 Lisa 当初选择
欧式古典风格时也是犹豫再三，
怕做出来太老气沉闷：
"虽然喜欢欧式古典的优雅，
但还是希望自己的家能有所突破，
更别致和有都市气息些。
用作婚房，当然还要有浪漫气氛！"
因为有了如此"别致"的要求，
呈现在我们眼前的欧式古典风格家
也就有了耳目一新的突破。

## Project Information
### 项目信息

设计：
**云啊设计总监 邵斌**
户型：
**一室一厅**
主人：
**新婚夫妇**
建筑面积：
**58 平方米**
风格：
**欧式古典**
主要色调：
**淡雅紫色、金色、棕色**
设计亮点：
**用色调打破古典风格的老气印象**

## 当现代紫遭遇中古风

怕古典风格老气沉闷？那就让家穿个特别而现代的颜色吧！在这套房间里，Lisa 选择了浪漫而现代的紫色作为欧式古典风的主色。紫色与原本在欧式风格中常见的中性色系搭配后，散发出女性的温暖色调，展现出妩媚的优雅姿态，用来表达复古风格最为贴切。客厅涂刷紫色之后，不但给房间带来神秘的怀旧感，更为家居注入一种现代的魅惑与浪漫调性，让房间一扫欧式古典的老气横秋。

就像很多人不知道如何搭配紫色衬衫一样，紫色在房间中的家具搭配也同样让人困惑。紫色太过轻灵现代，需要黑色的稳定感来帮忙。设计师选择了黑色作为客厅家具的主打色。吊顶里的橙色的灯带和暖色调的吊灯、壁灯，给紫色房间带来暗夜中的温暖。

## 当奢华金遭遇贵族红

金色的造型墙搭配欧式经典风格的红色沙发，呈现出优雅的宫廷感。在朦胧烟紫色墙的对面，设计师更大胆地用金色的波浪纹金属板制作了一面沙发背景墙，并用贵气十足的酒红色沙发与之搭配。沙发墙与客厅其余部分黑和紫的内敛搭配形成强烈的对比，成为房间中最靓丽跳跃的部分。这种戏剧性的对比也让原本的古典风格变得活泼和热烈。而卧室，复古暗花墙纸给卧室带来温暖的感觉。与墙纸同色的欧式台灯、高床，让卧室充满欧式的典雅与温馨。

新色彩与旧款式的结合，低调与奢华的对比，让整套房间同时散发着复古和现代的气息，在历史中游刃有余地穿行。

**木线条做吊顶**

漂亮而复古风格十足的吊顶是房间的一大看点。其实做法很简单，就是将木线条拼成棱形格，固定在顶面之上，形成生动的效果。

**欧式古典风格如何呈现现代感？**

要欧式古典风格呈现出都市和别致的气氛其实最简单不过，富有都市感、极少用于家居的色彩能让古老风格呈现出迷人的风姿，如亮蓝、粉紫、橙黄、苹果绿，用这样的色调做主色能有效打破欧式古典风格棕色系的沉闷印象。

**搭配法则**

搭配特别设计的白制书架，让饭桌兼具书桌功能。

英式风格的木钟搭配复古款的吊灯，精心挑选的配饰带来浓浓的欧式古典感觉。

门口靠餐桌的墙上设置了壁炉，即使客厅暖气无法送达，用餐或在家上网时，也会是温暖的。

# 19. 浪漫弧线，湛蓝心情——希腊地中海家居风

地中海风格的美，
海与天明亮的色彩、
仿佛被水冲刷过后的
白墙、薰衣草、玫瑰、茉莉的香气、
路旁奔放的成片花田色彩、
历史悠久的古建筑、
土黄色与红褐色交织而成的强烈民族性色彩。
一如希腊白色村庄，
在碧海蓝天下闪闪发光。

## Project Information
## 项目信息

设计：
**云啊设计**
户型：
**一房两厅**
建筑面积：
**64 平方米**
流行词：
**海军风**
主体风格：
**希腊地中海风格**
设计关键词：
**弧线条、蓝色、手绘、地中海、手抹墙**
主体色调：
**蓝色、白色、黄色**

因为热爱旅游走到一起，十年牵手后，终于拥有了属于自己的家。Jessie 难忘于爱琴海边甜蜜的旅程，于是想用浪漫弧线和湛蓝色彩打造一个纯美小家，在黑白灰的现代都市生活中，谁说不能拥有地中海阳光下的美丽心情？希腊情景再现不需要太多的技巧，保持简单的意念，捕捉光线、取材大自然，大胆而自由的运用色彩、样式，想怎么装扮就怎么装扮，大胆些就好。

### 再造墙体增加功能

南方的天气最怕阴雨绵绵，这套房子缺少地中海家居风格所必不可缺的元素——阳光这种取材于大自然的明亮色彩。地中海风格的基础是明亮、大胆、色彩丰富、简单。客厅虽然方正，但采光较差，只东边一面墙上开有两扇窗。怎么办？设计师以极大的智慧拿出了解决方案：充分利用空间潜力，再造墙体，改变房间的方正格局，最大限度地引入阳光。改造后，整个客厅空间结构以"圆"的方式呈现：东北角斜砌出一道墙体，内设一个储藏室。鞋柜、储藏室，有条不紊，一应俱全。乳白色的厨柜，风格统一，温馨浪漫。就餐区上方的圆形吊顶，凸现空间功能。

墙体外，沙发区顺势向客厅东南窗倾斜，将这一珍贵的唯一自然光源充分引入日常起居需求之中。电视背景墙与沙发背景墙平行，也呈弧度。设计师拆掉卫生间的部分墙体，新砌一道圆弧墙面，重新规划就餐区和卫生间，既有效解决了就餐空间，又十分巧妙地使卫生间多了一个淋浴房。

## 湛蓝的心情

处处弥漫着地中海家居风格的典型细节：圆形拱门与弧线空间格局珠联璧合；白墙的不经意涂抹修整，形成一种特殊的不规则表面；蓝白色彩组合丰满而饱和，让人想起希腊的白色村庄在碧海蓝天下的梦幻感觉；彩色瓷砖拼贴而成的电视背景墙，平添一点华丽气质；砖砌书架传达出一种浓浓的原始自然的情趣；造型多姿的铁艺灯具和小摆设，共同演绎独特的地中海美学。无论是整体还是细节，客厅颇见设计师功底和主人用心。沙发背景墙，内嵌式灯光营造独特气氛。

## 专属砖砌书架

书房一角，蓝白条纹相间的纯棉沙发，静等你入坐。别致的砖砌书架，同样有两道圆拱。小小的书房居然大胆地刷成蔚蓝色，显出静谧。拱门设计与阳台一帘之隔。现场砌筑书架，可以从地到顶，想多高就多高，大大提高了空间利用率。设计前仔细测量墙面的宽度和高度、书籍的最大尺寸和最小尺寸，然后再把书架的横竖分隔确定下来。Jessie 说，看书总得有个像样的地方，好多电子书要下载，也是无形的书，所以得把电脑也放这块区域。这个砖砌的书架因此开辟了存储书兼办公两个功能。

特别提醒：
(1) 不妨在书架顶上安装几盏射灯，便于查找。
(2) 别忘了在家里配备一副安全的梯子，方便拿取最顶层的书籍。

名词解释:

希腊地中海风格

文艺复兴前的西欧,家具艺术经过浩劫与长时期的萧条后,在9至11世纪又重新兴起,并形成自己独特的风格——地中海式风格。地中海风格的家具以其极具亲和力的田园风情及柔和的色调和组合搭配上的大气很快被地中海以外的人群所接受。

"地中海风格"的家居,通常会采用这么几种设计元素:白灰泥墙、连续的拱廊与拱门,陶砖、海蓝色的屋瓦和门窗。"蔚蓝色的浪漫情怀,海天一色、艳阳高照的纯美自然"是其灵魂所在。地中海风格并非纯粹浪漫主义,实用和自然才是根本。

希腊地中海风格的家居,以纯美的色彩、流畅的线条、自然的取材、明显的民族性深受人们喜欢。仿古地砖是朴实的大地色,些许的暖调赋予人踏实、安慰精神的需求。而纯天然基材的小麦黄色硅藻泥墙面,深深浅浅的凹凸肌理间仿佛吐纳着谷物朴素的香气。大面积的蓝与白,清澈无瑕,诠释着人们对蓝天白云、碧海银沙的无尽渴望。带有迷宫感的空间格局,提供给居者别致的心理感受。

## Project Information
### 项目信息

设计：
**D6**
房型：
**一室二厅**
建筑面积：
**66 平方米**
主人：
**年轻单身女性**
风格关键词：
**乡村自然**
设计诉求：
**浴室要有足够大的面积，拒绝寒冷**
陈设关键词：
**蜡烛、鲜花**

对小艾来说，
家不是特立独行的标榜，
不是奢华闪烁的炫耀，
更不是高科技的极致享受，
它只是自己的一方心灵栖息地。
小艾是个乖乖女，
在这套爸妈为她购置的闺房里，
静静的一个人住，这是等待那个人出现前
体验到的一段美好而独特的时光。
有空就看看书，爱泡澡，
爱买鲜花和蜡烛，
这是她的嗜好。

## 一枝一叶总关情

一席初夏的凉风。推门所见，北欧格调的，自然元素扑面而来。装修时恰逢冬季，小区里被无情砍去的枯树枝堆得满园都是，看得小艾心疼。捡回一棵大的放在客厅做装饰，再挑一枝小的妆点厨房，在嘈杂的都市中独树一枝，留取一段初入住时的萧瑟却丰富的回忆。

而以后的日子却要如鲜花般明丽而新鲜。随处可见的鲜花让房中暗香浮动，带来春的消息。

而随处可见的蜡烛则让夜晚充满闺房情调，写满女孩的年轻心事。

### 暖色北欧

谁说北欧一定冷冰？其实欧洲人很爱火红的颜色呢！基于女孩子对色彩的天生敏感性，小艾在软装的用色方面非常大胆，用鲜艳的红色和温馨的森林材料家具，创造出一个迷人的空间，充满北欧的简洁和冬日暖意。

从卫生间到卧室的门，则做成了折叠门。雕花镂空设计让室变得更加神秘而妩媚。而占用了走廊面积的卫生间也可从容放下超大的浴缸。

### 移门后的开放式卫浴

一房，一卫，从卧室进入卫生间几乎成了奢望。想想冬天从冷冷的被子里爬起，穿过长长的走廊，寒冷的感觉已让小艾崩溃。在和设计师商量后，将客厅到卧室的门巧妙地改成移门，并将原先的卫浴扩大，既可从客厅进入，又能从主卫进入。关上门，卧室和卫生间则完全被藏在了"墙"后。

**跟我学:**

**用蜡烛打扮家**

按照使用目的一般可以分为日用照明蜡烛（普通蜡烛）和工艺品蜡烛（特殊用途蜡烛）两大类。照明蜡烛比较简单，一般就是白色的竿状蜡烛。工艺蜡烛又可细分很多种，首先又可分为果冻工艺蜡烛和薰香工艺蜡烛两类。一般因加入配料而显现各种颜色（如生日蜡烛），形状也因需要做成各种形式（如螺旋状、数字形等），可融新颖性、装饰性、观赏性、功能性于一体。

蜡烛的火焰分为三部分，分为外焰、内焰和焰心。外焰温度最高，焰心温度最低，内焰亮度最高。

**分类:**

蜡烛也可分为粗面蜡和光面蜡两种，粗面蜡的表面常带有味道，上面有一层白霜，不同的粗面蜡会带来不同的气味，比如在卧室就可以放一些熏衣草味的蜡烛，起到催眠、镇静的作用，在卫生间可以放海洋气味的蜡烛，夏天还可以放一些松味的蜡烛驱赶蚊虫，而光面蜡没有味道，蜡体表面很光滑，容易做出很美的造型。

**注意事项:**

(1) 请勿把蜡烛放在易燃物附近，如厨房等。哪怕是装饰用蜡烛，也要作到安全第一。

(2) 部分蜡烛长期放置在实木等家具上，会使木头渗色。名贵家具请不要直接摆放。

(3) 蜡烛表面油腻，易堆积灰尘而无法清扫。请小心蜡烛也会霉变，定期请更换新蜡烛做摆设。

**陈设:**

蜡烛按照形状一般可以分为挤压圆柱蜡、尖竹蜡、火炬蜡、漂蜡、圆头蜡、平头蜡等，颜色也有很多种。这些蜡烛在使用时有些比较讲究，比如尖竹蜡，适合在吃饭的时候插在烛台上，摆在饭桌中间，特别在西餐中常用，如果家里装修是欧式风格，也可以摆放在客厅当作装饰品。漂蜡常见于酒吧，在一个容器器皿里倒上水，把漂蜡放在水面上，暗暗的烛光下别有一番情调。漂蜡在年轻人的家中使用的比较多，特别是情侣间，烛光晚餐不仅可以用尖竹蜡，飘蜡也会带来不错的效果。

# 21. 新古典，粉时尚——闪银新古典，粉色波普风

## Project Information
项目信息

户型：
一室二厅
建筑面积：
59 平方米
风格关键词：
新古典波普风
色彩关键词：
艳粉色、黑色、白色
主要材质：
绒布软包、毛毯、复合地板、复合板家具
设计亮点：
灯具 + 贴纸、屏风等图案运用

咪朵喜欢粉色系时尚感，
而老公却更热爱沉稳黑白的复古风新古典，
两种爱好水火不容暗藏"杀"机，
在装修之初就有了好几次争端，
全家为风格好不焦灼。
好在两人都够年轻够大胆，
有强劲的心脏和强烈的探索精神，
于是设计师化干戈为玉帛，
将两种需求巧妙结合，
幻化出现在粉时尚的新古典风。

### 闪银新古典

位居格局中心的客厅，沙发背景墙面呼应古典风格沙发的银边，银白色系壁纸在射灯的照射下显现出复古风格的暗纹。

而与客厅相连的餐厅，则使用银色壁纸作出圆形吊顶造型，以呼应银色雕花的圆桌。

餐厅边的开放式洗手间干区，更是通过银色的马赛克和银色的镜面吊顶，打造出充满古典氛围的奢华闪色情调。

**粉色波普风**

同在客厅,设计师除了演绎银色新古典之外,更大胆植入了波普元素的艳粉色图案。客厅的电视墙,用艳丽的粉色手绘上浪漫的剪影图案,以及和客厅吊灯相呼应的同款吊灯图案,给古典风格注入了时尚艳丽的前卫气息。

卧室，更是将艳色与新古典完全融合，<u>浓艳粉色的背景墙</u>是咪朵最喜欢的色彩，而上面的复古图案则充分考虑了老公的风格偏好，给<u>银色</u>为主的卧室带来了强烈的视觉效果和浪漫气息。

**省钱之道：**

选用一盏颇具<u>豪华感的灯</u>，而四周无需再选择豪华家具。可以用<u>贴纸等廉价软装</u>来呼应整体感觉。屏风、家具建议选择和灯具类似的<u>复古弧线</u>以匹配。

除了主要灯光外，<u>呼应的灯管或射灯</u>也颇为重要，但不宜配置多，以免凌乱和喧宾夺主。

春季流行樱花色调的艳粉色，贴纸也选相应或近似色系。运用贴纸的成本低。贴纸可根据四季变化而更换，保暂新和应季颜色非常重要。

<u>贴纸利用人物剪影图案</u>，效果颇为理想。特别是运用在人口不多的家庭中，可增加热闹气氛。贴纸选用和家居陈设一样或近似的图案，帮助呼应陈设物主体，也是不错的选择。
如果贴纸比较多，建议在同一个空间或者同一面，选用同色系，避免杂乱。

## Project Information
### 项目信息

设计：
**D6 设计**
建筑面积：
**88 平方米**
户型格局：
**一室两厅**
设计风格：
**休闲美式**
设计特点：
**简练手法，突出大空间，细节布置，彰显高品味**
业主诉求：
**80 后业主，要求空间感、生活感、舒适感**
主要色调：
**中性色，都市灰**

他俩在同一个点上班，
同一个地方买早餐，
每天早晨总在公司楼下的星巴克相遇，
前后排着队买两人都喜欢的摩卡和巧克力麦芬，
一起挤同一部电梯。一个去 9 层，
一个好像是去 11 层。他俩不认识。
慢慢地，就有了默契，互相关注。
虽然没有说话，却会很自然地帮不方便的对方
按下那层楼梯。终于在一个下午茶的时间，
在公司楼下咖啡馆的玻璃窗前相遇，
一人一杯摩卡，很自然坐到了一起，
一个问:"能加你微博吗？"
于是他们认识了。

## 都市休闲色

在钢筋水泥和玻璃幕墙的丛林中相遇，家中也要有现代都市的低调与简约。于是，客厅以米灰色为基调，强调现代流行的中性色，搭配冷色大理石，再混搭原木色的木质感，突出空间的简练和大气。现代简约的白色沙发，配合黑灰色的地毯，营造现代都市休闲风，并且在造型上也体现最前沿的流行元素，用最简约的态度，缔造生活的新时尚。

## 草配摩卡

喜欢薄荷咖啡的口感、摩卡的巧克力味和拿铁的浓郁奶香；他喜欢美式黑咖啡的原味感。于是，在书房和主卧，为了照顾她，他更加突出休闲美式，并用香草搭配以稳重的色家具，让香草搭配摩卡，简化出两人内心最深处的喜好：追求自然朴素、宁静淡泊的活格调。

## 跟我学：
### 百搭灰色调

灰色：比喻颓废和失望，比喻中性，也比喻态度暧昧。用在色彩搭配里，灰色就是"万金油"，搭配各种颜色都可以。

（1）灰色调不局限于由黑白调和而成的灰色，还泛指灰粉、灰绿、灰蓝、灰紫等彩色灰。

（2）彩色灰既可以互相搭配，搭配比例可以各半，如50%面积的灰粉搭配50%面积的灰绿。也可以彩色灰搭配饱和度高的颜色，如20%灰黄搭配纯色柠檬黄，显得色调和谐而层次分明。

（3）无色系的灰搭配任意黑白（如30%中性灰搭配纯白、纯黑），显得庄重。

（4）亦可无色系的灰搭配任意彩色，如30%中性灰搭配饱和度高的草绿色或饱和度低的薄荷绿，而他们不参和任何灰色。

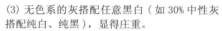

## Project Information
### 项目信息

设计：
**D6 设计**
户型：
**一室一厅**
主体色调：
**棕色**
设计亮点：
**用色协调感**
主人诉求：
**把家打扮成泰迪熊般的自然棕色**

James Bond 的室内设计师 David Hicks 在 20 世纪 60 年代，将自己家里的墙壁和天花板涂成了可口可乐的颜色。此后，棕色内饰开始变得越来越流行。在室内设计中，棕色是一个比较中性的颜色，比其他颜色都要沉稳。同时，它可以在几乎任何地方使用，因为实木家具通常是棕色的。中性的棕色色调可以使一个房间看上去更加宽敞，而更多的棕色色调可以提供安全性和舒适性。而在这套房子中，设计师与偏爱棕色的主人商量后，将各个房间都设计成了以棕色为主调，但又在其中做了相应的变换，让房间呈现出缤纷的效果。

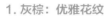

### 1. 灰棕：优雅花纹

为了营造视觉的变化度，在客厅和餐厅都以带有花纹的灰棕色墙纸点缀局部墙面。连续的经典图案给电视背景墙带来内敛的贵族式优雅，而餐桌边的花朵墙面则通过大花的突破性排列让用餐氛围显得更加活跃。

## 2. 暖棕：温暖中性

充满韵律的白色格子书架，暖棕色的墙面，再加上金色的灯光，从家具、布艺、烛台等各细节中标榜优雅情调。深一度浅一度的搭配，或是对比色的穿插，都让人沉醉于棕色调的优雅氛围中。

● 搭配技巧：

中性色的墙面与白色系家具、软装以 2:1 的比例搭配，在对比中展现轻灵感，使空间更具层次感。

● 搭配技巧：

中性色的墙面与白色系卫生洁具、以 3:1 的比例搭配，无需再多其他软装，卫生间洁具本身就是很好的装饰物。

### 3. 浅褐：时尚雅致

卧室带有些许棕色调的米色系，在柔美中带有
沉稳。浅浅的褐色运用于大面积的墙上，具有
稳定杂乱思绪的作用。闪银的装饰搭配，让居
室在优雅中带有时尚与华丽的气息。

● 搭配技巧：

浅色调的墙面色可以扩大空间感。以银色的装
饰点缀，闪色反光感的壁纸搭配拙朴自然的靠
包，能给空间带来对比的灵动，避免视觉上的
单一。

# 24. 低姿态，新生活——矮家具换取大空间

## Project Information
### 项目信息

设计：
**设计年代**
房型：
**一室一厅**
家具关键词：
**低矮、简约、低坐姿沙发**
材料关键词：
**米黄洞石**
设计诉求：
（1）不会整理家，经常把家弄得凌乱不堪。
（2）主人身高不高，怕够不到高处之物。
（3）非常爱干净。

可以从沙发上疯到地上，
好打理，
不怕磕碰……
涵涵喜欢的是一种随意的生活方式，
天高远，
心胸宽。

## 低坐姿亲近大地

调整你的视角，打乱你的想象，"低坐姿"这种全新的、自在的、非正式的生活方式让涵涵尽情地享受自己的空间。客厅里最有特色的就是舒适奢华的<u>超大低坐姿沙发</u>，以及同色系厚厚的棕色地毯。涵涵每次回家，只要在沙发上躺倒，就在不知不觉中放松了身心。

而对面的电视墙，更是用低矮的墙柜，进一步强调出高空间的效果。<u>米黄洞石打造的电视背景墙</u>配合灯光，自然的纹理进一步带来大地的气息，让涵涵亲近大地，尽享有声有色的"低姿生活"。

床品也是同样原理，<u>放低床本身的位置</u>，使得空间看起来更大。

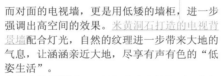

## Tips:
### 如何通过改变家具来拓展空间高度?

除了通过阶梯式吊顶使空间显得更高以外,我们也可以从家具入手拓展空间高度。

<u>方法一:</u>选择变"矮"的家具,比如降低了高度的桌子、床等,让人形成高度上的错觉。

<u>方法二:</u>利用地面高低差选择低坐姿沙发,使空间显得更高。

**装修关键词:**
### 洞石

洞石是大理石的一种,洞石纹理清晰,具有温和丰富的质感,在纹路走势、纹理的质感上,深藏着史前文明的痕迹,但它的总体造型又可以用"现代时尚"来形容,用它打造的墙面凸现一种大师级的设计风范,将尊荣、典雅的产品特质表现得淋漓尽致,因此深受众多室内设计师的钟爱。

由于其上面有很多孔洞,所以具有天然吸音的效果,特别适合作为视听室的电视背景墙。

洞石的质地细密,加工适应性高,硬度小,容易雕刻,适合用作雕刻和异型用材;洞石的颜色丰富,纹理独特,更有特殊的孔洞结构,有着良好的装饰性能,同时由于洞石天然的孔洞特点和美丽的纹理,也是做盆景、假山等园林用石的好材料。

天然洞石源自天然,却超越天然。出来的成品,疏密有致、凹凸和谐,仿佛刚刚从泥土里活过来,在纹路走势、纹理的质感上,深藏着史前文明的痕迹,但它的总体造型又可以用"现代时尚"来形容,凸现一种大师级的设计风范,将尊荣、典雅、顶级的产品特质表现得淋漓尽致。

## 教教你:
### 如何选毯

地毯按材质可分为纯毛地毯、混纺地毯、化纤地毯和塑料地毯。

①<u>纯毛地毯</u>的手感柔和、拉力大、弹性好,图案优美,色彩鲜艳,质地厚实,脚感舒适,并具有抗静电性能好、不易老化、不褪色等特点,是高档的地面装饰材料,也是高档装修中地面装饰的主要材料。

<u>缺点:</u>纯毛地毯的耐菌性、耐虫蛀性和耐潮湿性较差,价格昂贵,多用于高级别墅住宅的客厅、卧室等处。

②<u>混纺地毯</u>是在纯毛纤维中加入一定比例的化学纤维制成,该种地毯在图案花色、质地手感等方面与纯毛地毯差别不大,但却克服了纯毛地毯不耐虫蛀、易腐蚀、易霉变的缺点,同时提高了地毯的耐磨性能,大大降低了地毯的价格,使用范围广泛,在高档家庭装修中成为地毯的主导产品。

③<u>化纤地毯</u>也称为合成纤维地毯,是以锦纶、丙纶、晴纶、涤纶等化学纤维为原料,用簇绒法或机织法加工成纤维面层,再与麻布底缝合成地毯。其质地、视感都近似于羊毛,耐磨而富有弹性,而鲜艳的色彩、丰富的图案都不亚于纯毛。具有防燃、防污、防虫蛀的特点,清洗维护都很方便,在一般家庭装修中使用日益广泛。

③塑料地毯由聚氯乙烯树脂等材料制成，虽然质地较薄、手感硬、受气温的影响大、易老化，但该种材料色彩鲜艳，耐湿性、耐腐蚀性、耐虫蛀性及可擦洗性都比其他材质有很大的提高，特别是具有阻燃性和价格低廉的优势，在家庭装修中多用于门厅、玄关及卫生间浴缸的防滑。

## 如何挑选地毯

①购买地毯首先要认清材质。最简单的办法就是从地毯上取下几根绒线，点燃后根据燃烧情况及发出的气味，鉴别地毯的材质。纯毛燃烧时无火焰、冒烟、起泡、有臭味，灰烬多呈有光泽的黑色固体，用手指轻轻一压就碎；锦纶燃烧时也无火焰，纤维迅速卷缩，熔融成胶状物，冷却后成坚韧的褐色硬球，不易研碎，有淡淡的芹菜气味；丙纶在燃烧时有黄色火焰，纤维迅速卷缩、熔融，几乎无灰烬，冷却后成不易研碎的硬块；晴纶纤维燃烧比较慢，有辛酸气味，灰烬为脆性黑色硬块；涤纶纤维燃烧时火焰呈黄白色，很亮，无烟，灰烬成黑色硬块。通过以上方法，很容易鉴别出材质的种类，避免上当受骗。

②用拇指按在地毯上，按完后迅速恢复原状的，表示织绒密度和弹性都较好；或是把地毯折曲，越难看见底垫的，表示毛绒织得较密，比较耐用，至于绒毛的重量，则可看标签上的说明。

③选购地毯时，应注意是否有厂方提供的防尘、防污、耐磨损、静电控制等保证。一般优秀家用地毯，均经过耐磨损、防静电、防污的处理。另外，还要注意地毯铺设的位置和该处的行走量大小。不同的活动区域应选择不同材质的地毯，如玄关、厅堂，就要选用密度较高、耐磨的地毯（如短毛圈绒、扭绒）；活动量小的地方（如睡房），就可以选毛绒较高、较软的地毯（如割绒）。

④请定期丢弃、更换或至少清洁地毯，以免螨虫导致的过敏。作为蛋白质的一种，特别是高档地毯，也有产品使用周期。而廉价地毯要注意胶水等甲醛超标问题。

# 25. 眼睛等色诱——婚房里的闪烁细节

## Project Information
### 项目信息

设计：
**D6 设计**
房型：
**一室二厅**
主人：
**年轻夫妇**
房屋性质：
**婚房**
主人诉求：
**不要千人一家的雷同感，
要独具特色、不落俗套的婚房**
装修特色：
**闪亮感、金属色系、曲线（云纹等）**
主要材质：
**金丝绒软包、贴面木纹、金属烤漆、水晶灯、
水晶贴片、水晶珠帘**
设计性别：
**偏女性**
主体色调：
**对比色混搭、香槟色暖色调等**

"什么都给你！"
"那如果我要天上的星星呢？"
这个略带孩子气的追问，
千百个女孩都问过，
却没有几个男孩能交出满意答卷。
小君可以。只要选对材质，
沉闷的房间也能
如星星般绚丽夺目。

## BLINGBLING

当家中的结构和功能都被精心规划和设计之后，怎样让"面子"上同样出彩则更需要设计功力。小君的"BLINGBLING 如天上星星"的设计要求被设计师一一贯彻，呈现在房间中的各处。金属色系的餐厅卷云背景墙，色调上的冷艳与大胆足以给人留下深刻印象。"虽然整个家是简约风格的，但我还是希望它能有一点点女性化的气息以及一些柔美的气质，让太太满意。"小君解释道。于是，我们又看到了梦幻般的水晶装点在吊灯上、软包床头上，闪银色的卷云图案出现在餐厅和客厅的背景墙上。

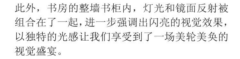

此外，书房的整墙书柜内，灯光和镜面反射被组合在了一起，进一步强调出闪亮的视觉效果，以独特的光感让我们享受到了一场美轮美奂的视觉盛宴。

从 Bling Bling 的闪亮元素到中西风格的精彩混搭，小君用自己的创意和主张给太太摘下星星，点缀在房间里，给按部就班的生活增添了一份独特情调与品位。

名词解释：

云纹

古代人们长期的采集和耕作实践，对云和雨决定收成的影响产生期盼和敬畏。使云在人们心中得到升华和抽象，对之产生崇拜和敬畏之情。云纹是我国丰富多彩的装饰纹样中典型的一种，被广泛装饰在我国古代的建筑、雕刻、服饰、器具及各种工艺品上，云纹形态多样，有十分抽象规则的几何图形，也有生动形象的自然图形。

云纹一般是指由深到浅，或由浅到深过渡自然的花型，也有由里向四周逐渐散开的云纹，一种或多种色彩深浅层次变化，使图案有立体感，显示细腻而生动逼真。

## Tips:
### 哪些元素能带来 BLINGBLING 家居风

(1) 烤漆家具

无论是烤漆门板的橱柜还是烤漆储藏柜，大面积的烤漆材质光可鉴人，配合灯光照射后能让家具呈现出闪亮的效果。

烤漆板的基材一般为中密度板，表面经过打磨、上底漆、烘干、抛光而成，分亮光、亚光及金属烤漆三种，优点是色彩鲜艳，视觉冲击力强；防潮、防水性能优越；不需封边，易清洁，不渗油，不褪色。缺点是工艺水平要求高，所以价格居高不下。烤漆家具和汽车表面一样怕硬物磕碰和划痕；长期的油烟会使得烤漆家具形成一定的色差。

(2) 玻璃、镜面

这些传统的反光材质还能起到扩大房间面积的视觉效果，特别适合小户型使用。

(3) 水晶材质＋香槟色

水晶灯、水晶贴片、水晶珠帘等等，加上粉金色或者驼色、玫瑰金等色调，能让家迅速展现出华丽的调性。

# 26. 条纹扩容小房型——镜墙翻倍大空间

## Project Information
### 项目信息

设计师:
**杭州麦丰装饰设计有限公司 陆宏**
户型:
**一室一厅**
主体风格:
**现代简约**
建筑面积:
**70 平方米**
工程半包造价:
**4.8 万 (含 0.6 万家具制作)**
主要用材:
**镜面，软包，壁纸，玻璃，不锈钢**
主人诉求:
**一面落地镜**
解决方案:
**多面镜子做点缀**

女孩子,
说到底永远是镜子的超级粉丝。
"在家中要有穿衣镜的位置……"
当女主人委婉地提出这个要求的时候,
设计师回报的
不仅仅是她想要的那一面。

## 镜深感

梳妆台上的梳妆镜、挂在门厅处的穿衣镜，是家中司空见惯的生活必须品。现在，镜面的利用已不局限于带框的小尺寸镜子，在当今的室内设计中常常将整片墙面、柱面或大花板用镜面玻璃或镜面金属作饰面材料。镜面具有光滑、反光、清凉的特性和质感，再加上它的含蓄深沉的色彩，使得带镜面装修的狭小空间变得深透明远，从镜屏中反射的室内景物更显得奇幻、独特，给人以界面消失、虚虚实实、真假难辨的幻觉。在现代照明技术的灯光配合下，随着光线和视角的转换移动，镜面影象随之变幻，室内异彩纷呈，充分展现出镜屏在室内环境中的艺术感染力。

而在这套案例中，设计师不仅让它具有实用价值，更以光泽的镜面让小户型扩展出超宽客厅的纵深感。客厅与餐厅紧邻，将餐厅边的墙面设计成镜柜，客厅沙发背景墙为整面玻璃墙，两个空间在镜子中互相印照，虽有走廊分割，却仍旧感觉紧密相连。而白色系的餐桌和软包椅与沙发茶几也非常搭配，遥相呼应。镜面的设计不仅开阔了视野，更让两人世界的其乐融融在镜子中得到延伸，缩小因空间带来的疏远感。

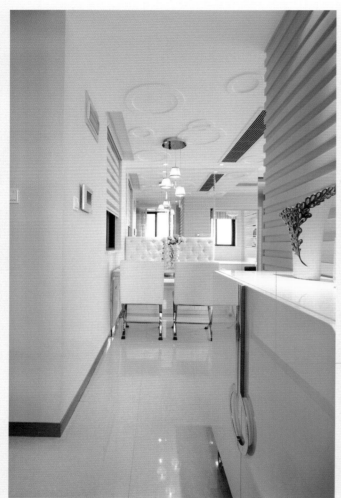

**宽条纹**

条纹的电视背景墙也无形中拉宽了偏小的客厅区域，让视线向两边延展。而同样的条纹也多次出现在餐桌边的百叶窗、玄关处的背景墙上，让小小的房间显得宽广很多。

**装修关键词：**

**近吸式抽油烟机**

近吸式抽油烟机，顾名思义就是抽烟口是在灶具的侧面，而不是在正上方，又名侧吸式油烟机。近吸式机是近几年开发的产品（其实在西方20世纪初就有雏形了，但一直未被推广），改变了传统烟机设计和抽油烟方式，烹饪时从侧面将产生的油烟吸走，基本达到了清除油烟的效果，而近吸式抽油烟机中的专利产品——油烟分离板，彻底解决了中式烹调猛火炒菜油烟难清除的难题。这种烟机于采用了侧面进风及油烟分离的技术，使得油烟吸净率高达99%，油烟净化率高达90%左右，成为真正符合中国家庭烹饪习惯的抽油烟机。

近吸型欧式吸油烟机，进风口离油烟源头更近，能第一时间锁定住产生的油烟，并且可以有效缩短油烟上升的运动距离，排烟效果自然更为理想。

由于在集烟腔外观上采用了敞开式的设计，增大了烹饪空间范围，做饭时不存在压抑感，更有效避免了碰头事件发生。

**Tips：**

**如何利用墙面色彩和材料划分不同功能区域？**

运用不同的色彩与材质装饰墙面，可以营造出完全不同的家居格调。同时，你也可以利用色彩和材料来划分功能区域。比如在客厅和餐厅中，通过镜面、条纹墙纸的呼应将沙发区、走廊、餐桌区和电视墙区域明显地区分开来。

# 27. 慢灵魂，宽生活——厨房的另类开放设计

**Project Information**
*项目信息*

设计师：
**杭州麦丰装饰设计有限公司 陆宏**
户型：
**一室二厅**
风格：
**现代简约**

**深窄型厨房**

本来面积就不大的餐厅和客厅，
外加深窄型厨房，
糟糕的户型让每个空间都喘不过气。
"拆！"王枫将厨房、客厅、餐厅的墙
——拆除，拆得只剩一根承重立柱时，
才喘口气说："终于，宽敞了！"

**连通感 宽功能**

宽敞的房间换来的是功能区的模糊一片，且不说客厅与餐厅没有过渡，连厨房也被归在了客厅里。接下去的难题彻底交给了设计师，还好，一番巧思之后设计师给王枫呈上了满意的答卷。

客厅与餐厅用一个简洁轻巧的吧台分成两边。再配上两把钢丝吧台椅，轻若无物的设计将通透感贯彻到底。早餐常常在吧台上进行，一边看电视早新闻一边吃早餐已成为每天清晨的惯例。

为了解决沙发后没有墙面依傍感的问题，设计师特意在吧台一边设计了半面矮墙，客厅方向看过去是平整的墙面，而对着餐厅的这边则是实用的酒架。

而餐厅边的开放式，则使用与电视墙同色的木色橱柜，并将灶台移到最里端的隐蔽位置，以弱化"厨房"的感觉。而承重立柱也用马赛克包裹，成为客厅的一道景观。

**问问设计师：**

Q: 简约风格的开放式厨房应该搭配什么样的家电？

A: 一般家电的外形都比较具有现代感，能很好地同简约风格相融合。我会根据具体的风格色彩来选择不同的外形、颜色。比如要表达冷峻和酷感时，会选择不锈钢拉丝外壳的家电。而同北欧风格浅木色家具搭配时，可能更倾向于搭配米白色、线条流畅柔和的家电。这里选择的是银色的冰箱，和银色的马赛克立柱相搭配。

**健康装修注意点：**

市场上常见的抽油烟机为深罩型和浅罩型两种：深罩型油烟抽净率在 50～60%，浅罩型抽净率在 40% 左右。欧式烟罩属浅罩型烟机。对于中餐猛火旺油、油烟四起的厨房环境来说，绝大多数欧式烟机没有性能上的优势。

并不是所有家庭、所有住宅都适合装修开放式厨房。否则，即使下再大的功夫、投入再多的金钱，也未必能拥有一个时尚而又健康的生活空间。

**巧支招：**
**开放式的厨房油烟问题**

**1. 玻璃墙**

既通透又隔烟。如果是采用推拉门形式，还有固定滑轨、吊轨等多种选择，如果推拉门的五金件不好，时间长了容易损坏。用普通的合页门，只是依靠合页的咬合力量也禁不住时间的考验，可以考虑采用地簧，门无论向里还是向外，都可以开合自如。

提醒：玻璃墙的不足是不能像轻体墙一样在上面挂些东西，只能做隔断和装饰用，但在通透感上比轻体墙要好很多。但玻璃需要经常清理，否则油烟较大，时间长了积累在一起不好清洗。玻璃墙的面积不宜过大。

**2. 局部开放适当遮挡**

厨房与其他区域的半隔断方式很多，有用吧台隔断，有用玻璃、不锈钢、帘子等等各种材料进行隔断的。如果把厨房做成局部开放，只有一个窗台大小的位置和餐厅相通的话，这样的油烟比较好处理。

提醒：对于半开放式的厨房，如果厨房是东南或西南向的，油烟味就容易吹回屋内。厨房向西，食物不易储藏，建议窗户使用百叶窗，冰箱不要靠着被阳光照射的墙壁。

**3. 加大排油烟机功率**

中式吸油烟机多为深罩型，设计了较深的集烟罩，避免油烟扩散，对经常烹饪且喜欢煎、炒、烹、炸的中国家庭来说，除油力强、拆洗方便的中式深罩型抽油烟机更加实用。最好选择三重静音的机型。厨房需要正常的"补风口"，如厨房的门下必须留些门缝、门板上做些百叶窗、通风板，以便源源不断地补充空气。如果厨房的门窗没有缝隙，抽油烟机的噪音会特别大，油烟也难以排走。

提醒：抽油烟机的清洗很重要，在购买时，应该挑选那些不用任何专用工具就能轻松地拆卸下网罩和风机涡轮扇叶的机型。同时还应仔细观察抽油烟机的集烟罩一面不应有接缝和沟槽，以便更彻底、方便地清洗。真正油烟大时需加排风扇。

**4. 活性炭墙材 + 咖啡节能锅**

活性炭墙材应用活性炭多孔原理，配以纳米碱性物质，具有很强的吸附分解能力，能够吸附油烟并净化室内空气，释放出负氧离子，让厨房回归自然，享受雨后竹林之美。而咖啡节能锅运用优质不锈钢与炭纤维导体制作而成，导热快、油烟少，配以活性炭墙材的话，真正做到厨房零油烟的效果，环保健康家居生活进入新时代。

# 28. 百合物语——美式也玩小清新

## Project Information
### 项目信息

设计：
**上海瀚高室内装饰设计有限公司**
房型：
**一室一厅**
主要材料：
**铁艺、马赛克、小砖**
主体风格：
**清新、美式**

**户外铁艺的室内运用**

Kelly 是个十足的美式田园控，
《疯狂主妇》看到痴迷，
自己家中也要打造闲散的美式风情。
然而嗜好可以融入家装，
却也要懂得适可而止，
不能只注重田园，
于是最后就定下了都市田园的风格，
在都市的简洁大气中
享受田园带来的悠闲与惬意。

面积很大的飘窗自然不能浪费。将它改造成两个侧立小书柜，天光下，软垫上，闪闪靠垫边，读书生活很惬意。

大气的木门，实木餐椅，实木大床，实木地板，实木柜子，色调无非是原木色、白色，透过淡淡的薄荷绿，加上些许花草点缀，显得如此生机勃勃。经典的款式，永不过时的色调，结实的材料，或许它们能用一辈子。

## 玄关巧隔断

Kelly 的户型较老，进门就是狭窄的走廊，客厅与卧室分列走廊的两边，尽头则对着狭小的卫生间。设计师首先将卫生间干区搬出，让小卫生间也能宽敞地放下大浴缸。

卫生间干区躲在隔墙之后，马赛克小彩砖与复古铁艺架作为装饰隔断，让空间变得颇有艺术气息。

隔墙后，选用白色作为洗手间的基调，干净又大方。圆形的古董镜子，带来了旧时的味道。而古典样式的挂墙小玻璃柜既利用了死角空间，又方便物品摆放，整齐又方便清理。下方附带的毛巾挂架瞬间让洗手间变得井井有条。

**心系铁艺**

在美式田园风格的细节设计中，铁艺的领袖地位几乎无法撼动。复古的曲线和漂亮的图案配合着飘逸的布艺沙发及窗帘，将居室衬托得十分明亮。

Kelly家有不少铁艺制品，从铁艺灯到铁艺搁架再到铁艺隔断，遍布卫生间与客厅的各个角落。铁制品妖娆的曲线让房间增色不少，且耐用持久。"日常的磨损甚至更能使它愈加显示出古色古香的韵味，有了这些铁艺的陪伴，我家会越旧越漂亮！

## Tips:
**铁艺防潮有妙招**

铁艺家具较普通家具耐用，但这并不意味着可以顺其自然、无需维护保养了。铁制家具由于其质料和工艺的特殊性，决定了它的维护和保养也有特殊的地方：

潮湿环境中的保养

如庭院围栏、户外铸铁家具或卫生间里的铁架等。

一般说来，在制作过程中厂家已考虑到了户外环境的特点，在材料和涂料的选用上都力求做到防锈、耐磨、抗腐蚀，抗曝晒等，所以用户只需在选购铁艺设施时认准知名的厂家，不要贪图便宜买一些质量不合格的铁制设施就行了。为延长户外铁艺设施的寿命，还应做到以下几点：

1. 要定期除尘

铁艺如果曲线过多，日积月累会落上一层浮尘，它会影响铁艺的色泽，进而导致铁艺保护膜的破损。所以应定期擦拭户外铁艺设施，一般以柔软件的棉织品擦拭为好。

2. 要注意防潮

打湿或起雾后应用干棉布擦干铁艺上的水珠。洗浴后湿度过大，也应擦拭一遍。

**普通室内铁制家具保养**

1. 避免磕碰

这是购得铁艺家具后最先要注意到的一点，家具在搬运过程中应小心轻放；放置铁艺的地方应是硬物不常碰到的地方；地方一经选定，就不应频繁变动；放置铁制家具的地面还应保持平整，使家具四腿安稳、平实着地，若摇晃不稳，日久会使铁艺家具产生轻微变形，影响家具的使用寿命。

2. 洁净除尘

最好选用纯棉针织品为抹布，擦拭铁艺家具的表面。对于家具上的凹陷处和浮雕纹饰中的灰尘，则最好用细软羊毛刷来除尘。

3. 远离酸碱

对铁具有腐蚀作用的酸碱是铁艺家具的"头号杀手"。铁艺家具上若不慎沾上酸（如硫酸、食醋）、碱（如甲碱、肥皂水、苏打水），应立即用清水把污处冲净，再用干棉布擦干。

4. 远离日晒

家具摆放的位置，最好避开窗外阳光的直接照射。铁艺家具长时间经受日晒，会使漆色变色，着色漆层干裂剥落，金属出现氧化变质。如果遇到强烈日照而无法移开家具，可用窗帘或百叶窗遮挡。

5. 消除锈迹

如果家具生了锈，不要自作主张用砂纸打磨。锈迹较小较浅的，可用棉纱蘸机油涂于锈处，稍候片刻，用布揩擦便可消除锈迹。若锈迹已经扩大变重，则应请有关技术人员来维修。

# 29. 一览无遗巧改造——墙隔出两个功能区

## Project Information
## 项目信息

房型：
**一室一厅**
设计：
**松下盛一装饰（上海）有限公司**
装修看点：
**开放式洗手台**
主要材料：
**镜面、茶镜玻璃、嵌入式顶灯**

Maison 的这套小居室，
最大的问题就是太过"敞开"，
进门就对着卧室和卫生间门，
一个方方正正的客厅平铺直叙。
客厅与餐厅之间的位置，
对着三扇大门，
既无法作为功能区，
做走廊又太过浪费。

## 墙前的玄关

设计师妙手在走廊正中拦出一堵墙面，正反面各对着三扇门。在对着大门的一边，做了组合式的鞋柜和衣柜，不仅多出了客厅的储物空间，一个功能完备的玄关也就此诞生。

## 墙后洗手台

在墙的背面，则设置了洗手台，将卫生间的干区搬至客厅。高脚式设计让洗手台瞬间变得轻盈起来。长方体与正方形的嵌入式照明灯，增强了空间的立体感。而与墙壁一体的多层镜门小壁橱既可摆放小物品来装饰空间，又能摆放日用品，让小小壁柜有了双重用途。在洗手台边上又根据 Maison 的喜好和客厅墙面色，挑选了类似颜色的防水涂料，让洗手台区域与客厅融为一体，美观又生动。

也因为超大洗手台的外移，让本来不大的卫生间放下了浴缸，让在家泡澡成为可能。

## Tips:

### 近吸式油烟机，你需要了解的缺陷

Maison 太太经常下厨，所以家中选择了比较流行的近吸式油烟机。它的强效吸油烟功能让全家非常满意，但也存在着一些小缺陷，购买时一定要权衡利弊后再行决定。

损失热能的问题。这个缺陷对侧吸式烟机销量一度打击很大。由于侧吸烟机工作面距离烹饪区很近，很容易造成炉灶的热能流失，而且由于其过近的抽吸，造成局部氧气供应稀薄，使煤气或天然气燃烧不充分，因此以前经常有消费者反映使用了侧吸式烟机后，其煤气或天然气用量大增。

# 30. 亲木生活——暖木色装饰要点

## Project Information
### 项目信息

设计：
**五凹设计**
房型：
**一室二厅**
主要装修材料：
**木饰面板、实木复合地板**

住了三年四白落地的出租屋，
白墙、白顶、冷硬的地砖、
冰冷的日光灯色……
有了自己的房子之后，
周先生和女友恨不得捶胸顿足地发誓，
一定要让房间变得温暖而美好。

## 暖木调

在这个朴实但有力量的空间里，原木色几乎无处不在，原木色的装饰风格看上去很自然，但拥有无限的力量。客厅设计带着温暖木色，厚实而多变的木纹也营造出饱满的视觉氛围。餐厅边的装饰墙与木地板的纹路保持一致，让漂亮的木纹从地面延伸至墙面。

### 暖光源

住出租屋时不下厨，三餐都在外面解决。两人都不去冷光源的餐厅，"必须是暖光的，才有温暖感。不管餐厅有多破，都没事儿！"有了自己的餐厅，自然要打造出更温暖的家庭用餐氛围。暖色灯泡的吊灯直射下的光线将简单的家常菜也映照得分外美好。而木饰面墙上的搁架光槽也让这个区域增色不少。

而客厅，则用了射灯加台灯的点光源设计，让房间的每个
角落都明亮而温暖。

卧室除了吊灯之外，更增加了壁灯照明，给房间带来多层次的照明和多重的暖意。

## Tips:
### 你会选木饰面板吗？

#### 1. 什么是木饰面板？

木饰面板全称为"木皮装饰单板贴面胶合板"，属于人造板的一种，它是将天然木材或科技木刨切成一定厚度的薄片，粘附于胶合板表面，然后热压而成的一种用于室内装修或家具制造的表面材料。建筑装饰中主要做表面层使用。

目前常用的装饰单板贴面胶合板常用的有榉木纹、枫木纹、胡桃木纹以及橡木纹等，其价格根据木皮的价格而高低不一，尤以珍贵树种的木纹为贵。

#### 2. 如何挑选木饰面板

对于一般消费者而言，装饰板是一个陌生的产品，往往只凭其外观判断其质量的好坏，其实影响其内在质量的因素很多。

（1）加工工艺不同。木皮粘在底表上要经过冷压、热压两道工艺，一些小厂家生产的产品没有经过热压，极易开裂。

（2）木皮厚度不同。建议您购买厚皮装饰板。使用寿命长，实木感觉好。

（3）底板基板不同。依性能排序，杨木不如杂木，杂木不如柳桉，建议您购买柳桉底板。

（4）甲醛含量不同。工艺用胶中不同配方含不同量甲醛，国家规定的甲醛含量低于 40mg/100g 划为环保产品。

（5）等级不同。国家装饰板的等级划分为优等、一等、合格。而企业标准划分为 AAA、AA、A。这几个等级的划分是指外观质量而不是内在质量的等级，在购买时注意，目前国内的一些小厂家根据花色等级不同，定义不同品牌，但全部打上 AAA 商标，迷惑消费者，需仔细区分。

# 立面的学问
## ——善用隔断，新墙主义生活

隔断是限定空间同时又不完全割裂空间的手段，使用隔断能区分不同性质的空间，并实现空间之间的相互交流。小户型的隔断关键点在于巧妙而不生硬。一般来说，考虑到小户型空间压迫感，所以在材质的选择上应该以简单、实用、通透为主要原则，包括线帘珠帘、通透柜体以及反光性质的材质，这些通透隔断方式的使用，可以使各功能井然有序地分布在各个独立的空间，从而使房屋整体更具层次感、和谐性。

在这里，我们精选出五种适合小户型隔断设计。

隔断方式——移门

<u>优点：</u>有一定隔音和保温性、隔绝油烟等。

主要有吊轨式移门、有轨式移门和折叠拉门几种。折叠式移门比较节省空间，可以将自身所占用的空间极大化地减少，直至"蜷缩"在一个小小的角落里。这样的好处自然是可以将两个空间的连接处"虚"化，使得两个空间更完整地成为一体。移门可局部采用玻璃，不影响光线在空间中穿行，却可以在闭合后很好地保护主人隐私。

<u>缺点：</u>价格稍贵，功能简单。

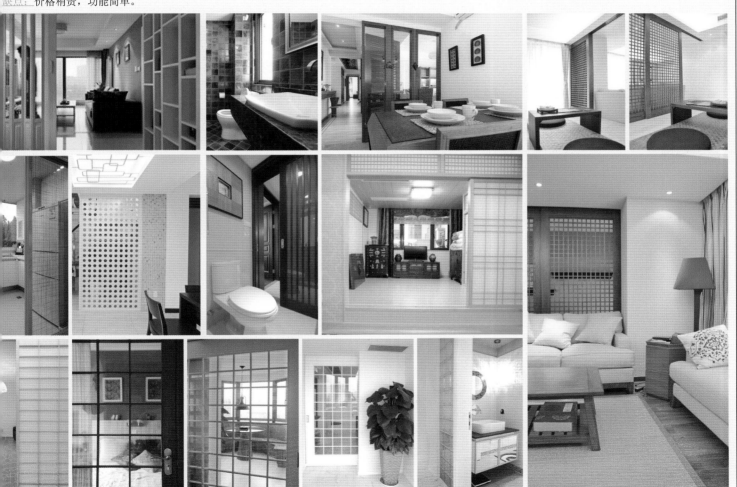

# B
### 线帘、布帘

<u>优点：</u>价格便宜，视觉效果好。

装饰性隔断，不具有实用功能，只是为了视觉的隔断，包括挂帘、线帘、纱帘等。

# C 家具隔断

<u>优点：</u>既能隔又能用。

家具隔断，包括收纳柜、书架等有功能性的家具，用以过渡空间，常用在玄关、书房、客厅等空间。

# D 玻璃隔断

优点：透光性佳。

为了使居室宽敞明亮，看起来比实际面积大，很多小户型装修选择用玻璃隔断代替传统的墙壁，因为玻璃晶莹剔透的性质和装饰效果有明显的优势。选择玻璃隔断首要的一点考虑使用哪种框架结构，组成结构所使用的金属材料及结构断面是否符合抗侧撞击的要求并通过相关检测，其中最好的是目前市场上还不多见的夹层玻璃。这种玻璃的优势在于表面看上去与普通玻璃并无两样，但在意外撞击发生时，玻璃碎片将被牢固地粘在玻璃中的薄膜上，不会崩溅出碎片，更不会对人身安全造成威胁。

# E 吧台隔断

<u>优点</u>：兼具实用性和观赏性。

利用吧柜、吧台对空间实行分隔，适用于面积较大且要求有多种功能区域的室内。
一般吧台隔断经常出现在开放式厨房与餐厅之间，起到天然的隔断作用，又兼具早餐台功能，人少的时候可以在这里吃饭，简单而亲切。

# F 花板隔断

<u>优点</u>：透光性佳、风格感强。

带有镂空图案的装饰性半隔断会带来比较鲜明的装饰效果，因为镂空图案不会完全遮挡视线，所以比较适用于较长的走廊和玄关，一来可对空间进行区分，二来可对空间起到个性化的装饰作用，使其视觉效果更加强烈。

# G 电视机半隔断

<u>优点：</u>空间装饰效果强。

半隔断是空间隔断设计中非常常见的形式。在隔断的同时，兼具电视墙的观影功能，还极具空间装饰效果。而且半墙也不阻碍视线。一般用于分割比较深的客厅。

# H 屏风

<u>优点：</u>灵活。

屏风最大的特点就是方便灵活。你可以移动屏风，随意分割空间大小。在不需要的时候可以将它折叠放在一边，使两个空间暂时接合起来而显得更大。

# 小卫生间里的加减法
## ——占地面积与储物空间

一居室寸土寸金，一个小小的卫生间总觉得不够用。面对小卫生间里的设施选择，需要充分掌握"加减法"，考虑好哪些设施占用的空间该减，哪些又该加，才能充分利用好卫生间的每一寸空间。

# A

## 减法

减法，就是要在满足使用的前提下，尽可能减少设施的占地面积，降低空间占用感，因此，座便器、洗面盆、淋浴龙头就是最适合做"减法"的设施。

### ■ 坐便器

最常见的坐便器分为整体和分体两种。一般来说，整体坐便器比分体的矮，但是占地面积要大一些，所以在小空间里选择分体坐便器可以省地。而入墙式隐蔽水箱的设计可以节约出至少20cm的距离，并能增加出水箱上方的平台位置用来放置杂物，可谓一举两得。而不少品牌的坐厕长不过70cm，"瘦身"的体形成为一居卫生间的理想选择。

### ■ 洗面盆

洗面盆有各种各样的形状和尺码，有正好安装在角位的角盆，还有正方形、椭圆形及圆形基座挂墙式、半隐藏式等。只有一个卫生间的话，一般不倾向于安装柱盆，因为下面的柱体空间几乎无法利用，除非包裹在浴室柜体里，但又丧失了柱盆的意义，还不如买个幅面偏窄的台上盆，省下的钱再购置一个容积超大的台下柜，可以充分利用空间。

■淋浴龙头

一般来说，如果安装普通的淋浴杆加喷头，人至少要站到距离墙面 60cm 的位置才能冲淋身体；如果改装成入墙式龙头，那么淋浴杆所占的 20cm 距离就节省出来了，不要小看这几十厘米，很多人家正是因为缺少这段距离，而不得不把淋浴的地方转移到其他功能空间。

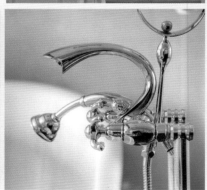

# B

## 加法

### ■浴室柜

加法，就是充分利用空间，增加空间使用率的办法。最适合"加法"的设施，就是储物空间了，储物空间要尽可能地大，尽可能地利用边边角角，不妨碍行走又不妨碍视线的地方，比如洗面盆下、坐便器上方、卫生间的角落，还有随时可能用到的凳子。

如果选择了幅面偏窄的台上盆，那么，不充分利用台下的空间，那就实在说不过去了。根据台面的宽窄，定制一个合适的储物柜，把不常用的卫浴用品放在里面，取用都很方便。为了让视觉显得宽敞些，这个储物柜可以做成开放式的。至于台面上方的空间，就不要利用了，敞开了，安装一面大镜子，除了供洗漱使用外，还可以增加采光、拓展空间感。

坐便器的上方则可以做一个轻薄的吊柜，把需要干燥环境的物品放在上面。

角落的空间，则可以使用尺寸合适的角架，把平日里常用的洗漱卫浴用品分门别类摆放在架子上，既方便，又整齐。

如果家里有老人，卫生间里肯定还需要一个凳子，那么就选择宜家的储物凳吧，打开盖子，是一个储物箱，合上盖子，就变成可爱的凳子了。

■ 洗衣房

"一居的阳台都不当阳台用！"一居阳台改造成各种功能房已经成为大部分人的选择。如果你的工作阳台已被拓宽成厨房的一部分，大阳台已经被改造成书房；亦或者你的户型太老，是传统的"一室户"，当初水路改造没有预留出通向阳台的龙头，那么洗衣房就只能叠加进卫生间了。可是小小卫生间，洗衣机该摆哪？放墙边？放过道？接水管不够长，每次都得搬来搬去？排水管与下水道方向不一致？看着漂亮的洗衣机，搬进卫生间摆哪儿、怎么用都不顺心，一个头两个大了吧！这就要在卫生间给洗衣机找个妥帖的地方，无论多小的卫生间，巧妙做加法，都能应付自如！

<u>A 嵌入浴室柜中</u>

家中的滚筒洗衣机嵌到了浴室柜里，整体将台面抬高，看起来非常漂亮。在装修时需要留足尺寸，以防几年后洗衣机更新换代时尺寸不匹配的尴尬！

需要注意的问题：洗衣机上水口的龙头在洗衣机侧面的白钢包柱里，要想控制这个龙头，就得把白钢包柱拉出来。所以如果洗衣机采用嵌入式安装，一定要考虑上水龙头和下水都能很方便地控制。

<u>B 靠墙摆放</u>

将卫生间门做成移门，让洗衣机放在门边死角处，既利用了空间又可在洗衣机上方再打一排吊柜，用来存放洗衣液、衣领净等洗涤必需品。拉上帘子后，更能将洗衣空间完全隐藏。

需要注意的问题：

（1）如果洗衣机接水管或排水管不够长，可以联系品牌售后，相关的产品配件可以在售后买到。但要注意的是，购买前测量好尺寸和规格。

（2）在购买前，要考虑到卫生间的宽窄，事先量好所选洗衣机的尺寸，预留出安放的位置和洗衣机龙头的位置。

# 浴室柜也疯狂
## ——洗手台的风格之旅

图片来源：Design Hotels

很多户型将客卫的干区独立出来，与客厅或餐厅相连。客餐厅的风格也自然而然地延续到洗手间干区，浴室柜的风格变得和房间风格息息相关。一个靓丽而风格化的洗手台甚至可以给空间增添一道独特的风景。洗手台边不仅可以用不同风格的墙面砖来匹配整体风格，而且，浴室柜也越来越体现出明显的个性风格。台盆本身就可以是一种风格的延伸，如同一件炫目的艺术品。而下面的柜子更是或现代或中式或田园，百变造型让人心动。

# A

## 欧美复古风

欧式古典风格是欧洲文艺复兴时期的产物，继承了巴洛克风格中豪华、动感、多变的视觉效果，也吸取了洛可可风格中唯美、律动的细节处理元素，受到社会上层人士的青睐。很多人都喜欢古典风格的洗手间，并用格调相似的花砖、吊灯等装饰物组合，给古典风格的洗手间增添了端庄、典雅的贵族气氛。欧美古典风格浴室柜一般是以实木作为框架、天然木皮贴面板为主体、大理石做台面配以陶瓷台盆或金属台盆。

<u>特点</u>：造型复杂，配有精美的手工雕花，天然木皮加金银箔装饰等，色彩丰富，尽显高贵、奢华、复古。

<u>优点</u>：防水性好，使用寿命长。

# B

## 中式古典风

中式古典风格浴室柜，一般是以纯实木制作、实木台面配以陶瓷台盆或青花、荷花等传统图案的台盆，以明清家具风格为主。在洗手台边辅以中式镂空花板隔断，与客餐厅自然分割，体现出中式那犹抱琵琶半遮面的意境。

特点：造型复杂，颜色丰富多变。

优点：结构简单，易于拷贝。

缺点：多以仿古柜直接嫁接制作，在环保和防水性上面有待提高。

# C

## 地中海风格

地中海风格最能体现城市家居的魅力。地中海风格的美，包括海与天明亮的色彩，仿佛被水冲刷过后的白墙；薰衣草、玫瑰茉莉的香气、路旁奔放的成片花田色彩；历史悠久的古建筑，土黄色与红褐色交织而成的强烈民族性色彩，总之就是纯美色彩的组合。而这种自然的风格和色彩也被进一步运用到了洗手间。

特点：洗手台更趋于自然与质朴的材质。手抹墙、马赛克等材料被进一步运用。台面一般也用马赛克或者地中海风格仿古砖直接铺贴，营造出自然的氛围。

优点：价格低廉。

缺点：手抹墙和马赛克、地中海风格小砖都容易藏污纳垢，不易打理。

# D

## 现代自然风格

以现代建筑设计风格和自然简约主义风格为基础。色彩上以成熟的米色、白色和原木色为主，产品高贵、精美，风格上突出简约调性。而原木材质的浴室柜更能将自然风格蔓延到整个卫浴间的设计上，搭配白色的台上盆等洁具，给这个卫浴间一个天然素雅的表情，让你忘记压力。

优点：标准化程度高。

缺点：样式比较容易雷同。

## E

### 阳光时尚风格

倡导简约主义，但对色彩、材料的质感要求很高。阳光时尚风格比简约更加凸显自我、张扬个性，已经成为年轻人，尤其是 80 后人群在家居设计中的首选。

**特点：** 色彩张扬而亮丽，浴室柜面板更趋于烤漆、玻璃等时尚材质。
**优点：** 色彩跳跃吸引眼球，标准化程度高。
**缺点：** 烤漆板、玻璃等板材容易印上手印，需要勤擦拭保持光亮度。

## F

### 恋恋田园风

法式、英式田园风格的浴室柜，由天然木质和石材打造出最田园式的卫浴间，而以杏色为基调的浴室柜点缀上清丽的碎花图案，为浴室营造一种让人怡心爽神的空间氛围。而更质朴的美式乡村风浴室柜，则会使用做旧的粗犷造型，呈现出原始状态，使卫浴间抛开一切现代工业所带来的束缚感。而搭配藤质的天然材料的小清新田园风，则能带给浴室一种温馨舒适的感觉。

**特点：** 花朵图案、柔美线条、软装介入较多。
**优点：** 充满女性的柔美气息。
**缺点：** 过多的线条和软装会让浴室过于家居化而不易打理，造成不太清爽的感觉。

# 恋上自然系小物
## ——卧室、浴室等空间单品精选
图/宜家家居、friven & co、MAISON&OBJET 等

如果你已经有了一个原汁原味的乡村厨房，一个花朵盛放的美式田园客厅，那么，把这一自然风也吹向最私密的卧室吧。在这美妙的季节，不妨和我们一起进入神秘花园，推开卧室之门，迎接你的会是一整个自然……卧室，是你最私密的朋友，在这里，你可以敞开心扉，尽情流露心底的秘密……最私密的主卧和主卫，是最值得你好好打造的心灵花园。自然如风，美艳如花，好好装扮，它可以是一曲最动人的田园牧歌。

这是一个充满自然田园气息的主卧与主卫。卧室与主卫的隔墙被完全打通，睡眠区域不再与浴室泾渭分明——而是将二者和谐地融为一体，让安睡、身体呵护、放松与恢复活力相辅相成，完美结合。开放式的空间结构让视觉无碍穿透。各个功能区通过屏风、花草间隔开来。

# A

## 主卧：心灵瑜伽

在这个只对自己开启的私密空间里，严守风格未免显得太隆重、太拘谨。你不必太过恪守家具与软装的套系搭配，更不必拘泥于客厅色彩图案的延续。随处可见的花卉植物、自然清新的白色调，让整个房间都流动和贯穿着自然田园的主题，让人身心完全放松。

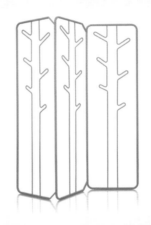

### 心灵瑜伽松弛道具

#### 1. 屏风

无论是矮墙还是隔断，都比不上屏风的灵活和收展自如。屏风成为分隔功能区域的首选。用屏风隔开卫浴产品的冰冷感，围合出一个温馨的静心氛围，更显出卧室的静谧与和谐。这款树形的屏风，能充分呼应主卧自然田园的主题。同时，它又是一个实用的衣架。衣服、盖毯，都能在这里找到妥帖的安放处。

#### 2. 吊灯

要让卧室在夜晚呈现最动人的魅力，布光是最需要精心设计的。无论是地毯上的瑜伽练习还是床上的香薰理疗时光，都需要特定灯光的配合。建议选择具有特殊光影效果的吊灯。

这款灯打开后，花瓣的雅致情调营造出空灵的氛围。同时搭配可调光开关，让灯光能根据心情需要表现出或清透明亮或幽暗神秘的效果。

这款吊灯点亮时会在墙上投射出如蒲公英般的光影，房间也随之渐隐变幻，仿若阳光照进树林般温暖满怀，起到渲染气氛的效果。

而这款如剪纸般的吊灯则让光线随着人的走动而变得忽隐忽现。即使在关掉时，它那迷人的外观也一样让人印象深刻。

### 3. 座椅

如果你醉心睡前的阅读时光，那么藤编座椅一定能带来别样的舒适。如果你卧室够大，可选择这款藤制沙发放在窗前，宽大的圆形坐垫可让全家人共享。

如果卧室较小，那么这款单人位的蜂窝状摇椅能让你和孩子都深深迷醉。

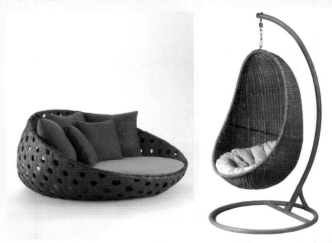

# B

**主卫：亲绿 SPA**

临睡前的沐浴，更有助于身心的放松和提高睡眠质量。卫浴空间也不止是一个冰冷独立的小房间，你一样需要看到最美的风景。在花香围绕中，你可以在那里边泡澡边看电视。洗手台还可以是你的化妆台，在这里你可以做一次细致的面部护理保养。

**SPA 道具单品赏**

**1. 洗漱梳妆区**

果色的牙刷杯和皂盒，在里面随手插上一些修剪过的植物，给浴室更增添盎然绿意。

枝桠造型的梳妆台和首饰架，将自然的创意带入浴室，让你心爱的项链和丝巾都能找到悬挂的地方。

**4. 烛光**

如果你喜欢玩隐讳燃情的风格，烛台是最不能缺少的卧室道具。夜晚，摇曳的烛光下，室内外的植物都会变得影影绰绰，有着别样风姿。

竹子状的蜡烛让绿色与光影巧妙结合，白天夜晚都散发独特魅力。

这款小油灯能滴入有安眠效果的香薰精油，可放置于床头柜上，让你体会到"能发光的香氛"的美妙。

**5. 床上悠闲时光**

如果你有在床上用早餐的习惯，那么靠包和托盘是必不可少的用品。充满自然风格的靠包给你带来静谧的心情。

托盘用竹子编织模压而成，将柔滑的椭圆造型与编织而成的几何图案相结合，像一顶草帽般给人深刻印象。

## 2. 沐浴区

要让卫浴空间完全摆脱冰冷印象，最简单的方法，莫过于搭配软装。别忽视了这些小件，它们能让浴室冰冷坚硬的面貌迅速柔软下来。让轻柔的色彩跳跃在浴帘、毛巾、地垫上，再点缀以绿色植物以及良好的采光，让整个卫浴环境散发着强烈的甜美温暖气息。

在浴缸边，你需要铺设吸水性好的小地毯，让入浴变得更温暖。柔软的素色毛巾和地垫，给你的肌肤带来如沐自然的接触。

而这个枝杈造型的挂衣架更可以是一个别致的扶梯，用来取高处储物柜中的东西。靠在门后墙边，用来挂浴衣既漂亮又不占地方。

作为家里不可或缺的功能空间，卫浴已经承担了除洗浴之外的更多放松和休闲的任务。卫浴间装修，一把朴实的椅子、一个野趣盎然的藤筐，一个浴缸边来摆放香薰精油和咖啡杯的边桌……这些休闲小道具，能让田园风格的卫浴显得更轻松和闲适。